"十四五"职业教育河南省规划教材　　　　华晟经世"一课双师"校企融合系列教材

通信工程实施

主编 ▶

李王辉　董泽芳

曾　斌　姜善永

人民邮电出版社

北　京

图书在版编目（CIP）数据

通信工程实施 / 李王辉等主编. -- 北京 : 人民邮
电出版社，2019.6
华晟经世"一课双师"校企融合系列教材
ISBN 978-7-115-51116-4

Ⅰ. ①通… Ⅱ. ①李… Ⅲ. ①通信工程－高等学校－
教材 Ⅳ. ①TN91

中国版本图书馆CIP数据核字（2019）第074569号

内 容 提 要

本书在简要介绍通信工程类型的基础上，以移动基站工程、室内分布系统工程施工为重点，讲述通信工程建设流程、施工规范、验收标准、工程竣工文件制作等内容。本书以通信工程实施流程中各环节的施工规范、验收标准为主线，以任务为驱动，实现工程实施实训，提升实践动手能力，使学生熟悉和掌握通信工程实施的具体管控方法，为后续课程打下良好的基础。

本书可以作为电子信息类相关专业学生以及工程技术人员的教材和参考书。

◆ 主　　编　李王辉　董泽芳　曾　斌　姜善永
　　责任编辑　贾朔荣
　　责任印制　彭志环
◆ 人民邮电出版社出版发行　　北京市丰台区成寿寺路 11 号
　　邮编　100164　　电子邮件　315@ptpress.com.cn
　　网址　http://www.ptpress.com.cn
　　北京天宇星印刷厂印刷
◆ 开本：787×1092　1/16
　　印张：14.5　　　　　　　　　　2019 年 6 月第 1 版
　　字数：352 千字　　　　　　　2025 年 1 月北京第 7 次印刷

定价：50.00 元

读者服务热线：（010）53913866　印装质量热线：（010）81055316
反盗版热线：（010）81055315

前言

　　本教材是华晟经世教育面向 21 世纪应用型本科、高职高专学生以及工程技术人员所开发的系列教材之一。本教材以经世教育服务型专业建设理念为指引，同时贯彻 MIMPS 教学法、工程师自主教学的要求，遵循"准、新、特、实、认"五字开发标准，其中"准"即理念、依据、技术细节都要准确；"新"即形式和内容都要有所创新，表现、框架和体例都要新颖、生动、有趣，具有良好的读者体验，让人耳目一新；"特"即要做出应用型的特色和企业的特色，体现出校企合作在面向行业、企业需求人才培养方面的特色；"实"即实用，切实可用，既要注重实践教学，又要注重理论知识学习，做一本理实结合且平衡的实用型教材；"认"即做一本教师、学生及业界都认可的教材。我们力求使抽象的理论具体化、形象化，减少学生学习的枯燥感，激发学生的学习兴趣。

　　本教材在编写过程中，主要形成了以下特色。

　　1. "一课双师"校企联合开发教材。本教材是由华晟经世教育工程师、各个项目部讲师协同开发，融合了企业工程师丰富的行业一线工作经验、高校教师深厚的理论功底与丰富的教学经验，共同打造的紧跟行业技术发展、精准对接岗位需求、理论与实践深度结合以及符合教育发展规律的校企融合教材。

　　2. 以"学习者"为中心设计教材。教材内容的组织强调以学习行为为主线，构建了"学"与"导学"的逻辑。"学"是主体内容，包括项目描述、任务解决及项目总结；"导学"是引导学生自主学习、独立实践的部分，包括项目引入、交互窗口、思考练习、拓展训练。本教材强调动手和实操，以解决任务为驱动，做中学，学中做。本教材还强调任务驱动式的学习，可以让学习者遵循一般的学习规律，由简到难、循环往复、融会贯通，同时加强动手训练，在实操中学习更加直观和深刻。本教材还融入了最新的技术应用知识，使学习者能够结合真实应用场景来解决现实性的客户需求。

　　3. 以项目化的思路组织教材内容。本教材"项目化"的特点突出，列举了大量的项目案例，理论联系实际，图文并茂、深入浅出，特别适合于应用型本科院校学生、高职高专学生以及工程技术人员自学或参考。篇章以项目为核心载体，强调知识输入，经过问题的解决与训练，再到技能输出；采用项目引入、知识图谱、技能图谱等形式还原工作场景，展示项目进程，嵌入岗位、行业认知，融入工作的方法和技巧，传递一种解决问题的思路和理念。

　　本教材由李王辉、董泽芳、曾斌、姜善永老师主编，刘华、曾庆亮、刘涛乐、黄小锋进行编写和修订工作。在本教材的编写过程中，编者得到了华晟经世教育领导、高校领导的关心和支持，更得到了广大教育同仁的无私帮助及家人的温馨支持，在此向他们表示诚挚的谢意。由于编者水平和学识有限，书中难免存在不妥和错误之处，恳请广大读者批评指正。

编　者

2019 年 3 月

目录

基 础 篇

进 阶 篇

实 训 篇

基础篇

项目1 初识通信工程

项目引入

小王，某知名大学的毕业生，通信工程专业，成绩优异，刚毕业就被某通信公司录用。今天是他去公司报到的第一天，所以小王早早起了床，在小吃店买了早点，用手机付款后，忙赶向附近的地铁站。在地铁站里，他用手机扫描二维码买了张到单位附近的地铁票，坐上了早上的第一班地铁，由于提前了半个小时到达，他在楼下用手机继续看着已经看了两遍的《新人入职的注意事项》，希望能给新公司的领导及同事留下一个好印象。

想象着以后的工作内容，小王不由想到，通信太重要了。

学习目标

1. 识记：基站工程建设的基本内容。
2. 领会：基站建设工程分类、通信建设工程的特点和规范性。
3. 应用：基站工程建设的流程。

1.1 通信工程概述

随着科技的发展以及经济与生活需求的不断提高，电子商务变得越来越普及，越来越多的人开始习惯网上购物、手机支付等新的购物方式，甚至早上吃个早点，出门乘坐公交地铁、高速缴费等都可以通过手机来支付。所以，庞大的金融业、商业、服务业越来越依赖通信系统，确保规范、严谨、无差错的通信工程建设是建设高质量通信网络必不可少的环节。

1.1.1 通信工程的定义

通信工程（也称电信工程，旧称远距离通信工程、弱电工程）是电子工程的一个重要分支，是电子信息类子专业，同时也是其中一个基础学科。该学科关注的是通信过程中的信息传输和信号处理的原理和应用。本专业的学习内容包括通信技术、通信系统和通信网等方面的知识，学习本专业的学习者能在通信领域中从事研究、设计、制造、运营及在国民经济各部门和国防工业中从事开发、应用通信技术与设备的工作。

该学科是信息科学技术方面发展迅速并极具活力的一个领域，尤其是数字移动通信、光纤通信、Internet 网络通信，它们使人们在传递信息和获得信息方面实现了前所未有的便捷。通信工程具有极广阔的发展前景，也是人才严重短缺的专业之一。通信工程研究的是信息以电磁波、声波或光波的形式通过电脉冲，从发送端（信源）被传输到一个或多个接收端（信宿）的原理和过程。接收端能否正确辨认信息取决于传输中的损耗。信号处理是通信工程中的一个重要环节，包括过滤、编码和解码等。

1.1.2　通信工程企业资质介绍

"通信工程施工总承包企业资质等级标准"是通信工程施工总承包资质的一种等级分类标准，按照企业资产、人员和工程业绩将企业分为三级。

通信工程施工总承包资质分为一级、二级、三级。

1. 一级资质标准

（1）企业资产

企业净资产在 8000 万元以上。

（2）企业主要人员

① 通信与广电工程专业一级注册建造师不少于 15 人。

② 技术负责人具有 10 年以上从事工程施工技术管理工作经验，且具有通信工程相关专业高级职称；只有通信工程相关专业中级以上职称的人员不少于 60 人。

③ 持有岗位证书的施工现场管理人员不少于 50 人，且施工员、质量员、安全员等人员齐全。

④ 经考核或培训合格的中级以上技术工人不少于 120 人。

（3）企业工程业绩

近 5 年承担过下列 7 类中的 5 类工程的施工，工程质量合格。

① 年完成 800km 以上的长途光缆线路或 2000km 以上的本地网光缆线路或 1000km 以上通信管道工程或单个项目 300km 以上的长途光缆线路工程。

② 年完成网管、时钟、软交换、公务计费等业务层与控制层网元 30 个以上。

③ 年完成 1000 个以上基站的移动通信工程。

④ 年完成 1000 个基站或 5000 载频以上的移动通信网络优化工程。

⑤ 年完成 500 端 155 Mbit/s 以上或 50 端 2.5 Gbit/s 以上或 20 端 10 Gbit/s 以上传输设备的安装、调测工程。

⑥ 年完成 1 个以上省际数据通信或业务与支撑系统，或 10 个以上城域数据通信或业务与支撑系统工程。

⑦ 年完成 5 个以上地市级以上机房（含中心机房、枢纽楼、核心机房、IDC 机房）电源工程或 800 个以上基站、传输等配套电源工程。

（4）承包工程范围

具有一级资质的企业可承担各类通信、信息网络工程的施工。

2. 二级资质标准

（1）企业资产

二级资质标准要求企业净资产达到 3200 万元以上。

（2）企业主要人员

① 通信与广电工程专业一级注册建造师不少于 6 人。

② 技术负责人具有 8 年以上从事工程施工技术管理工作经验，且具有通信工程相关专业高级职称或通信与广电工程专业一级注册建造师执业资格；具有通信工程相关专业中级以上职称的人员不少于 30 人。

③ 持有岗位证书的施工现场管理人员不少于 30 人，且施工员、质量员、安全员等人员齐全。

④ 经考核或培训合格的中级以上技术工人不少于 60 人。

（3）企业工程业绩

① 近 5 年承担过下列 9 类中的 4 类工程的施工，工程质量合格。

② 年完成网管、时钟、软交换、公务计费等业务层与控制层网元 15 个以上。

③ 年完成宽带接入入户工程 1 万户。

④ 年完成 500 个以上基站的移动通信工程。

⑤ 年完成 500 个基站或 2500 载频以上的移动通信网络优化工程。

⑥ 年完成 250 端 155 Mbit/s 以上系统传输设备的安装、调测工程。

⑦ 年完成 5 个以上城域数据通信或业务与支撑系统工程。

⑧ 年完成 10000 个信息点的综合布线（或计算机网络）工程。

⑨ 年完成 2 个以上地市级以上机房（含中心机房、枢纽楼、核心机房、IDC 机房）电源工程或 400 个以上基站、传输等配套电源工程。

（4）承包工程范围

具有二级资质的企业可承担工程投资额 2000 万元以下的各类通信、信息网络工程的施工。

3. 三级资质标准

（1）企业资产

三级资质要求企业净资产达到 600 万元以上。

（2）企业主要人员

① 通信与广电工程专业一级注册建造师不少于 2 人。

② 技术负责人具有 5 年以上从事工程施工技术管理工作经历，且具有通信工程相关专业中级以上职称或通信与广电工程专业一级注册建造师执业资格；具有通信工程相关专业中级以上职称的人员不少于 15 人。

③ 持有岗位证书的施工现场管理人员不少于 15 人，且施工员、质量员、安全员等人员齐全。

④ 企业具有经考核或培训合格的中级以上技术工人不少于 30 人。

⑤ 技术负责人（或注册建造师）主持完成过本类别资质二级以上标准要求的工程业

绩不少于 2 项。

（3）承包工程范围

具有三级资质的企业可承担工程投资额 500 万元以下的各类通信、信息网络工程的施工。

1.1.3 通信工程岗位介绍

① 移动应用产品经理。随着智能手机的兴起和移动互联网的发展，iPhone、Android 应用开发已成为炙手可热的方向，移动应用产品经理将拥有较强的薪酬竞争力。

② 增值产品开发工程师。增值产品服务主要包括短信息、彩信彩铃、WAP 等，增值产品开发工程师主要负责增值技术平台的开发（SMS/WAP/MMS/Web 等）以及运营管理的技术支撑、实现和维护，需要熟悉 j2ee 体系的技术应用架构，掌握一定的 Java 应用开发，懂得 XML、XHTML、JavaScript 等相关知识。

③ 数字信号处理工程师。随着大规模集成电路以及数字计算机的飞速发展，用数字方法来处理信号，即数字信号处理，已逐渐取代模拟信号处理成为主流方案。而数字信号处理工程师是将信号以数字方式表示并对其进行处理的专业人员。

④ 通信技术工程师。我国的通信行业经过多年的飞速发展之后进入了 3G 时代、4G 时代以及 LTE 时代。通信技术工程师将有更大的作为，因为大规模的固态网络兴建需要他们，移动设备生产商需要他们，各种类型的移动服务和终端设备提供商需要他们，此外，他们还能在 IT 行业有所作为，因为三网融合的趋势已不可避免。毫无疑问，他们是最抢手的人才之一。

⑤ 有线传输工程师。我们的生活已离不开有线网络，有线传输工程师就是这个网络的设计者。他们负责光缆传输工程等规划设计工作，这要求他们了解通信行业建设的标准和规范，能编制通信工程概算和预算，能够熟练使用 CAD、Visio 等常用工程、工具软件或 2G、3G、4G 网络规划软件。

⑥ 无线通信工程师。无线网络带给人们无限的便利，因为人们可以随时随地使用万维网。在我国，无线网络正在逐步全面铺开，因此无线通信工程师将大有可为。比如，手机逐渐成为一个多功能的无线终端，能够随时接入互联网，因此与无线通信有关的业务正在大规模地出现。无线通信工程师是实现这些业务和开发新业务的保证。

⑦ 电信交换工程师。电信交换技术的发展带动了整个电信行业的发展，是电信行业核心的核心，分组交换网的发展使我国电信技术向前迈进一大步。这一切都预示着电信交换工程师将大有作为。电信交换工程师是一个懂电话交换机技术、系统集成、电信增值业务、语音交换系统，并熟悉综合布线系统的重要职业。

⑧ 数据通信工程师。信息产业是朝阳产业，电信网络是信息社会的基石，数据通信是信息基础通信建设的重要部分。数据通信工程师一般从事电信网的维护，参与和指导远端节点设备的安装调试与技术指导，并负责编制相关技术方案和制订维护规范。

⑨ 移动通信工程师。移动通信系统由移动台、基台、移动交换局组成，若要同某移动台通信，移动交换局通过各基台向全网发出呼叫，被叫台收到后发出应答信号，移动交换局收到应答信号后分配一个信道给该移动台并从此话路信道中传送一条信令使其振铃。移动通信工程师是指从事无线寻呼系统、移动通信系统、集群通信系统、公众无绳电话系统、卫星移动通信系统、移动数据通信等方面的科研，开发、规划、设计、生产、建设、维护

运营、系统集成、技术支持、电磁兼容等工作的工程技术人员。

⑩ 电信网络工程师。在电信网络构建的社会信息生态环境里，信息交互将如空气一般无处不在，它把人们的生活、娱乐、商务、教育、医疗和旅行等活动联系起来。一般而言，电信网络工程师的工作主要是：负责计算机网络系统网络层日常运行维护，根据业务需求调整设备配置，撰写网络运行报告，熟悉主流路由器、交换机等常用网络设备的安装和调试等工作。

⑪ 通信电源工程师。通信电源的稳定是通信系统可靠的保证。通信电源工程师是从事通信电源系统、自备发电机、通信专用不间断电源（UPS）等电源设备及相应的监控系统等的研发、生产、销售和技术支持、规划、设计、工程建设、运行维护等工作的工程技术人员。他们须掌握交流供电系统、直流供电系统、高频开关电源、UPS、传感器基本工作原理，动力环境集中监控系统的拓扑结构和系统配置标准等知识。

⑫ 项目经理。从职业角度，项目经理是指企业设立的以项目经理责任制为核心，对项目实行质量、安全、进度、成本管理的责任保证体系和全面提高项目管理水平的重要管理岗位，他要负责处理所有事务性质的工作。项目经理是为项目的成功策划和执行负总责的人。项目经理是项目团队的领导者，首要职责是在预算范围内按时优质地领导项目小组完成全部项目工作内容，并使客户满意。为此，项目经理必须在一系列的项目计划、组织和控制活动中做好领导工作，从而实现项目目标。

项目经理的能力要求如下。

（1）号召力

号召力是指调动项目组成员以及客户、供应商、职能经理、公职人员等人员的工作积极性的能力。在一般情况下，项目部的成员是从企业内部各个部门调来的，每个人的素质、能力和思想境界或多或少存在不同，每个人的工作积极性也会有所不同，因此，项目经理应具有足够的号召力激发成员的工作积极性。

（2）交流能力

交流能力就是有效倾听、劝告和理解他人行为并能与他人有效沟通的能力。项目经理只有具备良好的交流能力才能与上级、下属进行平等的交流，特别是和下属的交流更显重要，因为群众的声音是来自基层的最原始的声音，特别是群众的反对声音，一个项目经理如果不能对下属的意见进行足够的分析、理解，那么他的管理必然是强权管理，也必将引起员工的不满，不利于工作的开展。

（3）应变能力

应变能力是指自然人或法人在外界事物发生改变时所做出的反应，可能是本能的，也可能是经过深思熟虑后所做出的决策。

项目经理岗位职责如下。

① 负责了解运营商工程管理组织结构。

② 负责按照工程技术规范要求，向客户提供现场准备所需的资料、规范，指导并追踪客户现场准备的实施情况。

③ 接到工作任命书后，负责查询工程信息并分析工作量，在 3 个工作日内制订工程实施计划并配置工程所需的人力资源，填写"×××工程师人力资源配置表"，并在第一时间将人力资源配置表提交给工程经理。

④ 负责协调工程人员的到位效果情况，规划落实工程服务所需要的各种工具和测试仪器。

⑤ 负责组织并跟踪勘察、设计、安装、调测及开通验收的工程进度，确保工程能按期开通验收。

⑥ 负责控制工程服务质量，监督和管理工程师在工程服务过程中对工程规范执行的。

⑦ 负责工程服务的成本预算、核算、监督和控制。

⑧ 负责确定工程外包内容和范围，参与招标、合同审批和结算等工作，监督工程外包管理，包括裁定工程质量问题、重新返工计划、按合同条款罚款等。

⑨ 负责在工程结束后，将所有工程资料归档汇总，移交给工程经理。

1.1.4　通信工程文明施工礼仪

1. 文明施工措施

工程施工现场点多面广，机房所处环境各异，施工队施工时的文明程度也代表了公司的形象，施工队在施工过程及处理问题时必须从维护建设单位利益的角度出发，遵守公共秩序，爱护公共设施，与业主维护好关系，遵守机房规章制度，做文明施工的表率。

施工单位在施工期间要采取有效措施保护施工现场建筑物、照明及空调设施、施工用工具、需安装设备及已完成工程成品等。因保管不善或施工失误给建设单位造成的损失，施工单位承担责任及所发生的费用，施工单位还应服从建设单位对施工现场出入、噪音等管理的要求；施工时注意文明礼貌，严禁与业主发生争端；施工时如果影响到业主或其他人员，要做好解释工作，协调好各方面关系。

如遇施工现场有多个施工队同时进场施工，施工单位要积极主动配合建设单位的现场调度。

施工单位还应保证施工现场的整洁卫生及环境要求，每天离场前须清理工程余料及工程产生的各种垃圾。

施工单位要妥善协调好与相关单位之间的关系，并对相关单位的合理要求给予及时的回应，积极主动、准确迅速地协调处理工程过程中存在的问题。

工程人员严禁参与非法活动，严禁打架斗殴。

2. 人员与网络安全

施工单位要制订安全管理制度和详细的安全保障措施，并落实各级管理人员安全生产目标责任制，以"谁主管，谁负责"为原则，签订《安全责任书》，层层把关，确保安全及文明施工，保证施工过程中不发生任何安全责任事故。

（1）安全生产管理办法

1）树立安全生产指导思想

为了建立健全公司安全生产自我约束机制，加强对职工的安全生产的理念教育，施工单位应以遏制和减少重大通信事故及伤亡事故为重点，强化安全生产法制建设，树立"安全第一、预防为主"的思想。

2）完善安全生产管理体系

施工单位应建立公司内部的安全生产管理机制及管理体制，明确管理层次，设置必要的管理机构并合理配置专业人员，安全生产管理体系应由决策层、管理层和执行层组成：

决策层要对公司的固有危险具有定量认识，掌握各种事故隐患的分布情况，对于出现的事故隐患和发生的事故及时做出处理；各职能部门作为安全生产管理体系的管理层，承担本部门相应的安全生产管理职能；各施工队作为通信生产基层单位是安全生产管理体系的执行层，是直接从事生产运作的部门，须及时处理随机出现的事故隐患和发生的安全生产事故。

3）建立安全生产责任制度

责任制是安全生产管理的灵魂，没有责任制就没有管理，施工单位应严格各级、各个环节的责任制度，加强考核和督促检查，切实把安全生产责任制贯彻到公司管理的全过程。建立安全生产责任制首先要建立安全生产自我约束机制，安全生产自我约束机制包括组织自我约束机制和个人自我约束机制两个系统。无论组织和个人，都必须提高安全生产的自我约束力，真正做到责任落实，尽职尽责。

4）严格遵守安全生产监督检查机制

单位只有经常开展安全生产监督检查，才能及时发现生产过程中安全状况的各种变化和隐患，及时采取整改措施，以避免或减少工伤事故的发生。各基层单位以"谁主管，谁负责"的原则，建立自我管理和自我监督机制，负责监控本部门的事故隐患。而其上一层的安全生产职能管理部门则对其安全生产目标责任制进行监督检查，并做到"依法行事、有法必依、违法必究、执法必严"；同时帮助被监督对象改进工作，消除事故隐患，提高安全生产意识，增强责任感和使命感，完善并认真执行安全生产规章制度。

5）加强全员安全生产素质教育

单位应定期召开安全会议，组织员工进行安全技能培训及安全生产教育。安全生产教育包括：方针政策教育，法规制度教育，安全技术教育以及典型经验、事故教训、劳动纪律教育等。安全生产教育可帮助职工认识和掌握通信业生产规律、特点和劳动保护科学管理及安全生产操作技术，不断学习和推广科学知识及新技术、新操作方法，提高公司的效率、效益和生产技术水平。

（2）安全生产实施办法

工程部是公司主要的生产部门，负责全省各地区各项目的无线通信工程施工任务。施工安全管理是其工作的重要内容，施工安全管理是为了加强安全生产管理，保障施工人员的安全和健康，以及公司的经济效益。工程部门要落实安全生产目标责任制，施工队长作为施工现场的第一负责人，负责施工的组织和落实。

项目经理将每月定期召集各施工队召开安全生产总结交流会，加强对施工队安全生产意识的教育，将安全生产落到实处。同时，工程室将不定期地对施工现场进行安全检查，杜绝一切安全隐患。

（3）无线基站项目部的安全生产职责

移动扩容工程无线基站项目部的项目经理对本部门安全生产负完全责任，施工队长、技术人员、质检人员等作为施工现场的第一负责人，负责工程施工的组织和安全工作的落实。

项目部在编制生产计划的同时必须编制劳动保护措施，采取有效的安全技术和劳动卫生措施，根据项目部的自身特点制订详细的生产人员安全操作规程；落实生产岗位安全责任制，定期对职工进行安全教育和操作技术培训，经常进行安全生产检查，及时排除安全隐患，确保生产安全。

项目部应认真贯彻落实"谁主管，谁负责"的原则，树立"安全第一、预防为主"的指导思想，积极落实安全生产的各项制度，确保本部门生产无事故。

项目部还负责项目部工作现场的安全检查和监督，发现有危害职工或设备安全的重大隐患，必须立即停止生产作业、施工，迅速采取控制措施；负责检查和配制安全生产工具及设施（包括安全带、安全帽、施工鞋等）；应必须做好文件资料保密安全管理工作，防止资料、文件等丢失，建立健全文件资料管理制度；做好本项目部的防火、防盗、安全用电和网络安全的管理工作；应定期召开部门安全工作会议，组织员工进行安全生产经验交流，向上级领导及安全生产主管部门汇报安全生产情况，并配合公司相关部门对各种安全事故进行处理。

（4）确保通信设备安全

① 严禁踩踏通信设备或破坏设备机柜；

② 运输设备时确保设备防震、防挤压变形；

③ 施工时注意设备的防尘、防水、防潮、防鼠处理；

④ 安装时禁止用硬物敲击设备；

⑤ 安装或拆卸电路板必须佩戴防静电手镯；

⑥ 施工现场如有在用设备，施工队长从入场后直到离场前必须掌握设备的运行情况，若有不正常情况，应马上汇报给设备监控部门，说明原因并协助相关部门处理问题。

（5）用电安全

施工中离不开电，施工现场中也布放各种各样的电源线，若不正确用电会对人身安全构成威胁，毁坏设备，还会引起火灾。

施工队长在用电方面必须严格采取安全措施：

① 所有人体触及或接近的带电体必须做绝缘处理；

② 安装电池时必须对裸露部分和安装工具进行绝缘处理，防止正负极接触及正负极接反；

③ 电气设备采用安全电压且必须有保护接地；

④ 使用大功率电动工具（如电焊机、切割机）须注意线径的大小，避免过度发热烧毁，引起安全事故；

⑤ 雨天严禁在室外带电施工；

⑥ 通信设备电源必须由专业技术人员负责安装，专业技术人员还应仔细检查各电压、电流是否正常，特别是在对设备进行加电时必须一步一步检查，避免烧坏设备。

施工队长是用电安全的把关人，也是直接责任人。

（6）高空作业安全

在通信工程中，施工人员不可避免地要上通信塔、杆进行高空作业，为此，施工队长必须检查高空作业人员安全措施是否做好：

① 施工人员必须佩戴安全带、安全帽，选择安全的地方或方式进行施工作业；

② 检查工具包及施工工具是否放置安全，防止高空坠物；

③ 严禁穿硬底鞋上塔作业；

④ 下雨或刮大风禁止上塔作业；

⑤ 塔上作业时，人员不能靠近塔下；

⑥ 注意作业人员的身体状况，切不可疲劳施工，合理安排施工任务。

（7）防火安全

火灾猛于虎，会对设施、设备及人身造成直接伤害。施工队在施工时要配置灭火器，且每位施工人员均要熟悉如何使用灭火器。防火措施包括以下几方面：

① 防患于未然，消除一切火灾隐患；

② 设备机房内（或某些室外施工场地）严禁吸烟；

③ 注意设备用电负荷安全；

④ 发现火灾后，正确判断火源、火势和蔓延方向，并组织人员用消防器材扑灭火或控制火势并及时报警。

（8）其他方面的安全事项

1）行车安全

施工及运输期间，均涉及行车的安全，作为驾驶员，必须严格遵守交通规则及公司安委会有关规定，而施工队长作为施工队的安全责任人须注意行车安全：

① 督促司机对车辆进行保养、检查；

② 严禁司机超速驾驶，注意路况；

③ 注意协调安排司机的工作和休息，保证司机行车精神状态稳定。

2）设备运输安全

专业运输人员对设备实施装卸、运输、搬运操作，并严格按照设备运输管理办法及安全操作规范进行相应操作。

车辆管理方面：每辆车应配备灭火器、篷布、绳索、手电筒等随车工具，驾驶员在出发前，检查随车工具是否齐全完好。

车辆行驶安全方面：司机要遵守交通规则，注意交通安全，途中不得私自载运货物，停车吃饭须选择安全的地方，车辆停放不得超出司机视野。

货品安全管理方面：司机行驶前确保货品捆绑到位，应拉扯绳索检查是否绑牢，确定一切妥当方可放行；天气异常时，应加盖雨布，防止货品被淋湿；小心行驶，避免紧急刹车，损坏货品。

3. 事故的处理办法

（1）行车及人身安全事故

发生一般的事故时，施工队应当及时处理并在 1 小时内向主管项目经理及公司主管部门报告处理结果，项目经理向公司上一级主管汇报相关情况。

发生人员伤亡事故时，施工队应马上组织抢救并立即向主管项目经理报告情况，项目经理向公司上一级主管汇报，同时通知公司主管部门，并配合公司安全办公室做好善后处理工作。

发生重大伤亡事故时，施工队应在 1 小时内向工程局领导办汇报详细情况，不得隐瞒不报，一经发现追究相关人员责任。

（2）通信及设备安全事故

发生一般的事故（如设备轻微损伤等）时，施工队应当及时处理并在 1 小时内向主管项目经理及公司主管部门汇报情况。

发生严重的事故（如通信中断等）时，施工队必须立即通知项目经理及公司主管部门，同时采取相应保护措施尽快恢复通信。对于无法解决的问题，施工队必须立即请求技术支持，事后以书面形式向公司主管部门汇报详细情况，吸取和总结经验教训，不得有任何隐瞒。

▶▶ 1.2　通信工程项目概述

1.2.1　通信工程项目的内容

　　通信工程按照建设项目和工程性质可以归纳为通信线路工程和通信设备安装工程两大类。

1. 通信线路工程类别划分

　　通信线路工程类别划分见表1-1。

表 1-1　通信线路工程类别

项目名称	一类工程	二类工程	三类工程	四类工程
长途干线	省际	省内	本地网	
海缆	50 km以上	50 km以下		
市话线路		中继光缆线路或2万门以上市话主干线路	局间中继电缆线路或2万门以下市话主干线路	市话配线电缆工程或4000门以下线路工程
有线电视网		省会及地市级有线电视网线路工程	县级以下有线电视网线路工程	
建筑楼综合布线工程		10km²以上建筑物综合布线工程	5km²以上建筑物综合布线工程	5km²以下建筑物综合布线工程
通信管道工程		48孔以上	24孔以上	24孔以下

2. 通信设备安装工程类别划分

　　通信设备安装工程类别划分见表1-2。

表1-2　通信设备安装工程类别

项目名称	一类工程	二类工程	三类工程	四类工程
市话交换	4万门以上	4万门以下，1万门以上	1万门以下，4000门以上	4000门以下
长途交换	2500路端以上	2500路端以下	500路端以下	
通信干线传输及终端	省级	省内	本地网	
移动通信及无线寻呼	省会局移动通信	地市局移动通信	无线寻呼设备工程	
卫星地球站	C频段天线直径10m以上及Ku频段天线直径5m以上	C频段天线直径10m以下及Ku频段天线直径5m以下		

（续表）

项目名称	一类工程	二类工程	三类工程	四类工程
天线铁塔		铁塔高度100m以上	铁塔高度100m以下	
数据网、分组交换网等非话业务网	省际	省会局以下		
电源	一类工程配套电源	二类工程配套电源	三类工程配套电源	四类工程配套电源

移动通信工程建设根据项目执行的类型不同可分为：一般施工项目和交钥匙工程项目。

（1）一般施工项目（合作施工项目）

一般施工项目是指按照单独的设计文件，单独进行施工的通信工程建设项目。一般施工项目是雇主与施工队伍之间相互配合完成的合作性的施工项目。

国内的工程施工通常属于一般施工项目。

（2）交钥匙工程项目

交钥匙工程项目集合项目的设计—采购—施工过程。在通信工程中，其一般包括规划、设计、生产、线缆建设、基础建设（机房、环境建设）、配套建设、系统集成等通信施工中所有的工程工作。在施工过程中，雇主基本不参与工作；在施工结束后"交钥匙"时，提供一个配套完整、可以运行的设施。

通信工程项目有多种，下面我们重点学习基站工程项目。

移动通信基站建设项目可分为：新建站、扩容站、搬迁站、分裂站。

① 新建站：无线设备全部为新增设备的站点被称作新建站，包含室外大站、室内大站、室内微蜂窝、室外微蜂窝。

② 扩容站：因基站话务量过大，为了提高基的网络容量，在原有的无线系统上增加载波（TRU）及相应配套设备的站点被称作扩容站。

③ 搬迁站：因业主投诉、合同纠纷等原因迁移整个基站物理位置的站点被称作搬迁站，包含室外大站搬迁站、室内大站搬迁站、室内微蜂窝搬迁站、室外微蜂窝搬迁站。

④ 分裂站：随着用户密度的增加，相关人员需要按照一定的方式（例如六角形中心分裂）实现站址加密，将原来的小区分裂成更多的覆盖面积更小的小区。

1.2.2 通信工程项目的特征

通信网络是一张由多业务、多种设备类型、多节点相互连接组成的多拓扑类型的网络，因而在建设时，通信网络从规划设计、立项到建设、交付的全过程都要坚持"网络"的概念。

在通信工程建设时，我们必须要考虑以下问题：接口标准互联互通、维护扩容备份、网络配套计划同步建设、网络故障等。

1. 通信工程项目的特征

（1）多种配套建设需同时进行

真正可使用的通信网络，是由多个点、线、面组成的通信网络。在通信网络建设中，它可能包含了业务设备、配套设备、传输设备、电源设备、传输线路等一系列的配套设施。只有这些设备都安装好，通信网络才能完全投入使用。

（2）设备先进，技术密集

通信技术的更新换代速度很快，从 20 世纪 80 年代数字通信技术出现之后，程控交换、光传输、移动通信等一系列的新技术不断地涌现。在这个专业性强、技术密集的行业中，通信施工要求设计、施工、管理人员具有较高的专业技术和素质。

（3）通信站点建设需要考虑附属设施的可靠性

在施工中，施工人员不但需要确保设备正常稳定地开通，还必须确保其附属设施符合设备长期稳定运行的标准。在施工中，附属设施的可靠性、可维护性直接影响了通信站点的安全。

（4）防雷与防磁电

与其他设备不同，通信信息的传递同时还必须避免电磁场以及雷击的影响。雷击时巨大的能量能够迅速地将通信设备破坏，在强磁场以及电场环境下，电子设备的信号会被干扰，导致通信质量下降。

（5）测试手段复杂

在通信工程施工中，为了获知设备的使用情况，相关人员必须对通信设备进行一系列的测量。这些测量涉及信号强度、信令、故障点等一系列的专业测试手法以及测量仪器。

2. 通信工程建设规范的必要性

随着通信行业的快速发展，从事通信工程的设计、施工以及工程管理的专业队伍也逐渐壮大，同时由于通信网络非常庞大，多个单位需要相互配合建设网络，因此通信工程施工就面临着规范性的问题。自 2001 年开始，信息产业部颁发了《通信工程质量监督管理规定》，进一步规范了通信工程市场，从而为通信工程行业确立了一个统一的技术标准。

（1）不同厂商设备对接的需要

在通信工程建设中，通信设备来自不同的厂商。这些设备之间相互连接、相互配合，才能够让整个系统运转起来从而为用户提供通信服务。

我们用一个简单的程控交换网络来举例。程控交换网络涉及程控交换设备、用户数字配线设备、通信电源设备、光纤、用户线及直接面向客户的终端，对此我们需要依据统一的规范，将它们在这个网络中相互连接起来，从而保证来自不同厂商的设备成功对接。

（2）不同施工单位相互配合的需要

一个通信工程的建设是由若干个不同的单位协力完成的。施工单位需要能够识别设计部门的设计规范并明确出现问题时的反馈机制，在进行同一个通信网不同地点的施工时，技术人员应相互配合。

在施工中，如果没有统一的规范，施工人员无法看懂设计图，也无法对问题进行反馈，整个通信网络的建设也会因此无法运行。所以，在同一个通信网络的建设中，不同部门必须要采用同样的施工规范。

（3）设备可维护性及稳定性的需要

在通信施工完成后，通信设备的使用将面临着长期稳定运行的考验。稳定性与可维护性是通信设备运营的两大要素。为确保设备运行的稳定性，除了保证设备本身的质量外，设备运行时的环境也应得到保证。通信设备的环境因素包括：温度、湿度、电磁干扰、雷击、电源、连接是否可靠等。

设备的可维护性，是指在出现故障时能够以最短的时间解决设备的故障，从而恢复通信的能力。规范化的工程确保了通信网中电缆标记、设备节点的唯一性，从而为迅速排除故障打下基础。

1.2.3 通信工程建设流程

通信工程建设的整个流程包括：立项阶段、实施阶段和验收投产阶段，如图1-1所示。

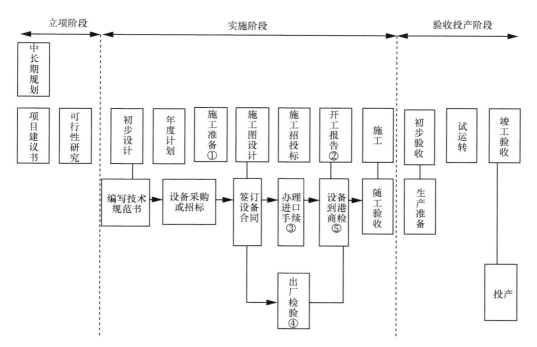

图1-1 通信工程建设流程

1. 立项阶段

立项阶段主要包括项目建议书和可行性研究两个环节。

① 项目建议书：列入长期计划或建设前期工作计划的项目都应该有批准的项目建议书。各部门、各地区、各企业应根据国民经济和社会发展的长远规划、行业规划、地区规划等要求，经过调查、预测、分析，提出项目建议书。

② 可行性研究：可行性研究的主要目的是对项目在技术上是否可行和经济上是否合理进行科学的分析和论证。

2. 实施阶段

① 初步设计文件：根据批准的可行性研究报告以及有关的设计标准、规范，通过现场勘察工作取得可靠的设计基础资料后进行编制的。

② 年度计划：包括基本建设拨款计划、设备和主材（采购）储备贷款计划、工期组织配合计划等。

③ 施工准备：包括制订建设工程管理制度，落实管理人员；汇总拟采购的设备、主材

的技术资料；落实施工和生产物资的供货来源；落实施工环境的准备工作，如征地、拆迁、"三通一平"（水、电、路通和平整土地）等。

④ 施工图设计：应根据批准的初步设计文件和主要设备订货合同进行编制。

⑤ 施工招投标：建设单位将建设工程发包，鼓励施工企业投标竞争，从中评定出技术强、管理水平高、信誉可靠且报价合理的中标企业。

⑥ 开工报告：经施工招标，签订承包合同，并且建设单位在落实了年度资金拨款、设备和主材的供货及工程管理组织后，于建设项目开工前一个月由建设单位会同施工单位向主管部门提出开工报告。

⑦ 施工：开始施工。

3. 验收投产阶段

验收投产阶段分为以下 3 个环节。

① 初步验收：单项工程完工后，为检验单项工程各项技术指标是否达到设计要求的程序。

② 试运转：建设单位负责组织，对设备、系统的性能、功能和各项技术指标以及设计和施工质量等进行全面考核。

③ 竣工验收：全面考核建设成果，检验设计和工程质量是否符合要求，审查投资使用是否合理的重要步骤。

知识总结

1. 通信工程的定义与发展历程。

2. 通信工程的岗位介绍。

3. 通信工程项目的特征与流程。

思考与练习

1. 请描述移动通信基站工程建设的一般流程。

2. 一般的通信工程项目有哪几种类型？

3. 通信工程项目有哪些特征？

4. 工程督导有哪些职责？

5. 工程经理有哪些职责？

项目2 通信工程分类及安全生产

项目引入

　　随着通信行业日新月异地发展以及用户数量的激增，原有的通信方式已经不能满足当下通信网络的容量需要，通信建设迎来了爆发式的增长：从早期的固网建设到无线基站的建设，建设体量越来越大。随着建设项目的不断增多，通信建设的安全生产、工程建设的项目管理等核心内容尤为重要，项目2以不同类型的工程及不同项目施工的安全生产作为维度，带领大家一起学习通信工程分类及安全生产。

学习目标

　　1. 识记：通信工程项目的分类。
　　2. 领会：基站工程项目的分类。
　　3. 应用：基站工程安全生产。

2.1 通信工程类别简介

　　按照传统习惯，我们一般将通信工程分为以下几个专业。

　　① 线路专业：主要包括光缆工程、电缆工程、管道工程、杆路工程、PON 接入工程等，包含 MDF（总配线架）和 ODF（光配线架）的安装。一般来说，线路工程与交换专业以 MDF 为界，传输工程以 ODF 为界。

　　② 传输专业：狭义上的传输单指传输设备，广义上的传输包含线路专业，线路工程的最终目的就是传输信号。

　　③ 交换专业：我们可以狭义地将其理解为窄带（电话）业务，传统的电话交换机、信令以及现今的软交换等，都属于交换专业。

　　④ 数据专业：数据网是由数据终端设备、数据交换设备和传输链路构成的网络，普通用户可以狭义地将其理解为互联网宽带业务和以宽带业务为支撑的其他业务，包含 DSLAM、LAN 和现在大力建设的 G（E）PON 设备等。

⑤ 电源专业：包括交流供电系统、直流供电系统、接地系统等，设备包括变电设备、换流设备、蓄电池、配电设备和发电设备等。该专业同时还兼做机房装修以及照明、空调设备的安装与维护等。

⑥ 无线专业：包括微波通信、卫星通信、移动通信。

2.1.1 有线通信工程

① 光缆工程：设计内容包括光缆的选型、光缆芯数的确定、光缆成端、光缆配盘、光缆敷设、光缆交接箱和分线箱、终端盒的设立等。全光网是通信网络发展的必然趋势，所以光缆工程应是我们学习的重点。

② 电缆工程：设计内容包括电缆的选型、电缆容量、配线方式、电缆成端、电缆配盘、电缆敷设、电缆分配、电缆交接箱和分线箱（盒）的设立等。目前，全国范围内都在大力推进光进铜退工程，随着光缆的到楼和入户，电缆将逐渐退出历史舞台。所以在本课程中，我们不对电缆做过多讲解，了解基本知识、能够满足退铜工程需要即可。

③ 管道工程：包括管道路由、管道容量、人手孔位置及规格的确定、一些有特殊要求的施工工艺等。

④ 杆路工程：包括杆路路由、电杆位置、吊线程式、电杆的加固及接地、拉线、撑杆等。

⑤ PON 接入工程：用户采用 PON 技术接入的全套设计，包括光缆工程、用户端设备安装、综合布线等。

线路工程在设计应用层面不需要高深的理论知识，但涉及的面较广，没有任何一个线路工程的设计是完全相同的，经验对于线路设计员来说是至关重要的，做一个好的线路设计员除了自身努力学习之外，还需要长时间的经验积累。

2.1.2 无线通信工程

无线通信工程又被称作基站工程，在通信网络中直接负责和用户进行数据的传送。2.1.2 节我们重点学习其中的移动通信基站部分。

1. 基站主设备

基站主设备是指基站收发信机。基站收发信机可被看作一个无线调制解调器，负责移动信号的接收、发送处理。一般情况下在某个区域内，多个子基站的收发台相互组成一个蜂窝状的网络，通过控制收发台之间的信号的相互传送和接收，来实现移动通信信号的传送，这个范围内的地区也就是我们常说的网络覆盖面。如果没有了收发台，手机信号的发送和接收就不可能完成。基站收发信机不能覆盖的地区也就是手机信号的盲区。所以，基站收发信机发射和接收信号的范围直接关系到网络信号的有无以及手机是否能在这个区域内正常使用。基站主设备示例如图 2-1 所示。

基站收发信机在基站控制器的控制下，完成有线与无线信道之间的转换。收发台可对每个用户的无线信号进行解码和发送。

基站使用的天线分为发射天线和接收天线，且有全向和定向之分：全向天线主要负责全方位的信号发送与接收；定向天线只朝一个固定的角度发送和接收信号。一般情况下，频道数较少的基站（如位于郊区）常采用全向方式，而频道数较多的基站采用定向的方式，

图2-1 中兴BBU8300主设备

且采用这种方式的基站的建立数量也比郊区更为密集。

2. 配套设备

基站配套设备包括：传输设备，电源系统，天、馈系统及铁塔、通信杆、通信抱杆及天线美化等。

（1）传输设备

传输信号的接收流程如下：无线接入网基站机房通过空中接口技术将终端的语音和数据信号转化为电路域的信号；电路域的信号通过数字配线架（DDF）被传输到光端机，光端机然后对信号进行光电转换，通过光纤配线架（ODF）将其传输到核心机房进行数据处理。

而发射方向则正好相反。

无线接入网基站传输简单地说就是一个光路和电路转换的过程。因此，基站常见的传输设备有 ODF、光端机、DDF 等，如图 2-2 所示。

图2-2 ODF、光端机、DDF示例

1）ODF

ODF 是专为光纤通信机房设计的光纤配线设备，使用 ODF 和尾纤可以将线路或设备间的光接口连接在一起。

ODF 按结构可分为以下两类：

①具有光缆成端盒并可以完成光缆终结和尾纤跳接功能的 ODF；

②没有光缆成端盒，只具有尾纤跳接功能的 ODF。

ODF 的配线方式有以下 3 种：

① 利用尾纤通过 ODF 进行设备到设备的跳接；

② 利用尾纤通过 ODF 进行设备到光缆线路的连接；

③ 利用尾纤通过 ODF 进行光缆线路到光缆线路的连接。

ODF 既可以单独装配成光纤配线架，也可以与数字配线单元、音频配线单元同装在一个机柜中。

2）光端机

光端机就是光信号传输的终端设备，技术的提高以及光纤价格的降低使它在各个领域都得到很好地应用。光端机如图 2-3 所示。

图2-3　光端机

在远程光纤传输中，光缆对信号的传输影响很小，光纤传输系统的传输质量主要取决于光端机的质量。光端机负责光电转换以及光发射和光接收，它的优劣直接影响整个系统的性能，因此用户需要对光端机的性能和应用有所了解，才能更好地进行采购和配置。

a. 光端机的种类

光端机分为 PDH、SDH、SPDH 3 类。

PDH（Plesiochronous Digital Hierarchy，准同步数字系列）光端机是小容量光端机，一般是成对应用，也叫点到点应用，容量一般为 4E1、8E1、16E1。

SDH（Synchronous Digital Hierarchy，同步数字系列）光端机容量较大，通常为 16 ～ 4032E1。

SPDH（Synchronous Plesiochronous Digital Hierarchy，同步准同步数字体系）光端机介于 PDH 和 SDH 之间，是带有 SDH 特点的 PDH 传输机制（基于 PDH 的码速调整原理，同时又尽可能采用 SDH 中的一部分组网技术）。

b. 光端机的传输距离

传输距离是指光端机实际可传输光信号的最大距离，这是个标称数值，取决于设备和实际环境等多种因素，双纤的光端机一般可传输 1 ～ 120km，单纤的光端机一般可传输 1 ～ 80km。

c. 光端机的接口类型

a）BNC 接口

BNC 接口是指同轴电缆接口，用于 75Ω 同轴电缆连接用，提供收（RX）、发（TX）两个通道，用于非平衡信号的连接。

b）光纤接口

光纤接口是用来连接光纤线缆的物理接口，通常有 SC、ST、FC 等几种类型，由日本

NTT 公司开发。FC 是 Ferrule Connector 的缩写，其外部加强方式采用金属套，紧固方式为螺丝扣。ST 接口通常用于 10Base-F，SC 接口通常用于 100Base-FX。

c）RJ-45 接口

RJ-45 接口是以太网最常用的接口。RJ-45 是一个常用名称，指的是由 IEC（60）603-7 标准化，使用国际接插件标准定义的 8 个位置（8 针）的模块化插孔或者插头的接口。

d）RS-232 接口

RS-232-C 接口（又称 EIA RS-232-C）是目前最常用的一种串行通信接口。它是在 1970 年由美国电子工业协会（EIA）联合贝尔系统、调制解调器厂商及计算机终端生产厂商共同制定的用于串行通信的标准。它的全名是"数据终端设备（DTE）和数据通信设备（DCE）之间串行二进制数据交换接口技术标准"。该标准规定采用一个 25 个脚的 DB25 连接器，并且对连接器的每个引脚的信号内容都加以规定，还对各种信号的电平加以规定（目前多用 DB9）。

e）RJ-11 接口

RJ-11 接口就是我们平时所说的电话线接口。RJ-11 是西部电子公司（Western Electric）开发的接插件的通用名称，其外形定义为 6 针的连接器件。

3）DDF

DDF（Digital Distribution Frame，数字配线架）是数字复用设备之间、数字复用设备与程控交换设备或非话业务设备之间的配线连接设备。数字配线架又称高频配线架，在数字通信中越来越有优势，通过 DDF 可以将速率 2Mbit/s ～ 155Mbit/s 的输入 / 输出信号传输线缆进行连接，这为配线、调线、转接、扩容都带来了很大的灵活性和方便性。随着网络集成程度的加深，集 ODF、DDF、电源分配单元于一体的光数混合配线架出现了，适用于光纤到小区、光纤到大楼、远端模块局及无线基站的中小型配线系统。DDF 如图 2-4 所示。

图2-4　DDF

DDF 特点如下：

① 本设备为单元结构，使用 75Ω 同轴连接器，方便安装、使用和扩容；

② 机架采用积木式拼装的开架结构，设计简洁，并有供调线用的过线圈；

③ 机架、支架及同轴连接器屏蔽罩采用环氧静电喷塑，外观美观，防腐能力强；

④ 同轴连接器端子盒有良好的屏蔽性能及互换性，保证了设备的主要技术指标的稳定可靠；

⑤ 高、低端单元之间用跳线焊接，单元体可旋转180°，方便电缆焊接。

配线功能：同速率、同阻抗、同方向、在数字配线架上收、发之间构成通信链路的互相连接方式。

跳线功能：同速率、同阻抗、同方向、在数字配线架上任一收与任一发间进行互相连接的方式。

转接功能：同速率、同阻抗、不同方向、在数字配线架上任一收与任一发间进行互相连接的方式。

测试功能：线序清晰，便于进行检测或自环测试。

（2）电源系统

通信电源在通信局（站）中，具有不可比拟的重要地位。随着通信事业的飞速发展以及通信设备的不断更新，现代通信对通信电源的要求也越来越高。基站电源系统包括：AC配电箱、DC电源柜、电源浪涌保护器、直流室内防雷箱等。

1）AC配电箱

AC配电箱，顾名思义就是配电用的，是将交流电根据需要分成 N 个回路馈送的用户端，每个馈线要加一个空气开关进行过流保护（即所谓的跳闸）。

在移动通信基站工程建设过程中，我们通常会用到三相交流配电箱。三相交流配电箱主要适用于移动基站、微波站及其他通信机房的交流配电。箱体采用全密封防水结构，表面做喷塑处理，防锈、防腐蚀能力强；内部采用优质空气开关，具有良好的过流、过热保护作用。三相四线方式供电（加保护地线）装有高能量避雷器以满足电源的防雷、防浪涌需要，并预留有三相备用开关、两路单相开关及电源插座以备扩容。AC配电箱如图2-5所示。

图2-5　AC配电箱

AC配电箱一般具有以下功能：

① 防雷、配电、电度计量、监控一体化；

② 市电、发电机双路电源输入，输入采用电子互锁和机械互锁方式，手动、自动切换；

③ 发电机由上端（配置发电机接入箱）或下端（未配置发电机接入箱）接入，方便操作；

④ 全方位用电管理，可测各支路交流电流、电压、有功功率、用电量、功率因素和各支路开关量等（可选配项）；

⑤ 配置了保护器，保护器与配电箱的一体化结构保证了保护器的最佳连接方式，从

而为系统的最佳防雷性能提供了保证。

2）DC 电源柜

在移动通信基站工程建设中，DC 电源柜主要为基站的设备提供直流电，并为蓄电池充电。DC 电源柜如图 2-6 所示。

图2-6　DC电源柜

3）电源浪涌保护器

在移动通信基站工程建设过程中，电源浪涌保护器就是在最短时间（纳秒级）内将被保护线路接入等电压系统中，使设备各端口等电位，同时释放在电路上因雷击而产生的大量脉冲能量，将其短路释放到大地，从而降低设备各端口的电位差。电源浪涌保护器适合 220V/380V 供配电系统的瞬态过电压保护，该产品可以有效地抑制由雷电引起的感应过电压及系统操作过电压，保护设备安全，保障系统的正常运行。三相电源浪涌保护器如图 2-7 所示。

图2-7　三相电源浪涌保护器

4）直流室内防雷箱

在移动通信基站工程建设过程中，最常见的是直流电源防雷箱，主要有密封式电源防雷箱、开门式电源防雷箱、防爆型电源防雷箱、配电式电源防雷箱、矩阵式电源防雷箱等。按使用环境，防雷箱可分为：室外电源防雷箱和室内电源防雷箱。

直流电源防雷箱主要由电压开关型模块和电压限制型模块（或一体化 MOV）组成。

它主要安装在配电房、配电柜、交流配电屏、开关箱和其他重要设备以及容易遭受雷击设备的电源进线处，以保护设备免遭沿电源线路侵入的雷击过电压造成的损害。其可广泛应用于通信、电力、交通、金融、铁路、民航等系统的主电源防护。直流室内防雷箱如图2-8所示。

图2-8　直流室内防雷箱

（3）天、馈系统

天、馈系统主要包括天线系统和馈线系统，结构如图2-9所示。

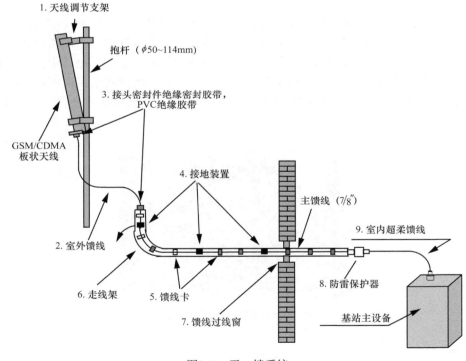

图2-9　天、馈系统

1）天线

天线是一种变换器，由金属导线、金属面或其他介质材料构成。它可以将从发射机反馈给的射频电能转换为向空间辐射的电磁波能，或者把空间传播的电磁波能转化为射频电能并输送到接收机。

移动通信基站常用的天线有全向天线、定向天线、特殊天线、多天线系统、智能天线等。

📖 **注意**

天线对空间不同方向具有不同的辐射或接收能力，这就是天线的方向性。

衡量天线方向性通常使用方向图，在水平面上，辐射与接收无最大方向的天线被称作全向天线，有一个或多个最大方向的天线被称作定向天线。全向天线由于无方向性，因此多用在点对多点通信的中心台。定向天线由于具有最大辐射或接收方向，因此能量集中，增益相对全向天线要高，适合远距离点对点通信；同时，其由于具有方向性，因此抗干扰能力比较强。

a. 全向天线

全向天线如图 2-10 所示。它在水平方向图上表现为 360° 辐射，也就是平常所说的无方向性，因此其在水平方向图的形状基本为圆形，在垂直方向图上表现为有一定的波束，可以看出辐射能量是集中的，因而可以获得天线增益。全向天线在移动通信系统中一般应用于郊县大区制的站型，覆盖范围大。

图2-10　全向天线

全向天线一般由半波振子排列成的直线矩阵构成，并把按设计要求的功率馈送到各个半波振子，以提高辐射方向上的功率。振子单元数每增加一倍（相应地长度增加一倍），增益增加 3dB。典型的增益值是 6 ~ 9 dBd，受限制的因素主要是物理尺寸，例如 9 dBd 增益的全向天线，其高度为 3m。

b. 定向天线

定向天线的水平和垂直辐射方向图是非均匀的。它经常被用在扇形小区中，因此也经常被称作扇区天线，其辐射功率或多或少集中在一个方向：在水平方向图上表现为一定角度范围辐射，也就是平常所说的有方向性；在垂直方向图上表现为有一定宽度的波束。定向天线在蜂窝系统中使用方向天线有两个原因：覆盖扩展及频率复用。使用方向天线可以改善蜂窝移动网络中的干扰。定向天线在移动通信系统中一般应用于城区小区制的站型，覆盖范围小、用户密度大、频率利用率高。

图2-11　定向天线

定向天线一般由直线天线阵加上反射板所构成,如图2-11所示,或支架采用定向天线,如八木天线。定向天线的典型增益值是 9 ～ 16 dBd,结构上通常为 8 ～ 16 个单元的天线阵。

c. 特殊天线

特殊天线是指用于特殊场合信号覆盖的天线,如室内、隧道等。

泄漏同轴电缆就是一种特殊的天线,用于解决室内或隧道中的覆盖问题。泄漏同轴电缆的外层缝隙允许所传送的信号能量沿整个电缆长度不断泄漏辐射,接收信号能从缝隙进入电缆被传送到基站。泄漏同轴电缆适用于任何开放的或是封闭的、需要局部覆盖的区域。

使用泄漏同轴电缆时,没有增益,为了扩大覆盖范围,我们可以使用双向放大器。通常,泄漏同轴电缆的典型传输功率值是 20 ～ 30W。

d. 多天线系统

多天线系统是许多单独天线形成的合成辐射方向图,其最简单的示例是在塔上相反方向安装两个方向性天线,通过功率分配器馈电,目的是用一个小区来覆盖大的范围,减少所用信道数。

当不能使用全向天线时,或当所需的增益(较大的覆盖面积)比一个全向天线系统所能提供的还要大时,也可用多天线系统来形成全向方向图。

当使用多天线系统时,空间分集非常复杂,其典型的增益值是所用单独天线增益减去由功率分配器带来的 3dB 损耗得出的值。

e. 智能天线

智能天线指的是带有可以判定信号的空间信息(比如传播方向)和跟踪、定位信号源的智能算法,并且可以根据此信息,进行空域滤波的天线阵列。智能天线又被称作自适应天线阵列、可变天线阵列。

智能天线是一种安装在基站现场的双向天线,通过一组带有可编程电子相位关系的固定天线单元获取方向性,并可以同时获取基站和移动台之间各个链路的方向特性。

智能天线采用空分复用(SDMA)方式,利用信号在传播路径方向上的差别,将时延扩散、信道干扰等影响降低;将同频率、同时隙信号区别开来。它和其他复用技术相结合,可最大限度地有效利用频谱资源。早期智能天线被应用于雷达和声呐信号处理领域,20 世纪 70 年代后被引入军事通信中。在移动通信技术的发展中,以自适应阵列天线为代表的智能天线已成为最活跃的研究领域之一，应用领域包括声音处理、跟踪扫描雷达、射电天文学、射电望远镜和 3G 手机网络。

智能天线可分为多波束智能天线与自适应智能天线。

2）馈线和跳线

馈线和跳线的作用都是连接和输送信号，都作为连接器件或者设备的介质。

馈线：在移动通信中用作传输射频信号的射频电缆，用于连接基站设备和天、馈系统，以实现信号的有效传输，工程建设中一般使用的馈线为同轴电缆。

馈线需要将信号功率以最小的损耗在收发机之间进行传送，同时它本身不产生杂散干扰信号，所以传输线必须具有屏蔽功能。因此，馈线由橡塑外皮、屏蔽铜皮、绝缘填充层、镀铜铝芯组成。主流馈线如图 2-12 所示。

图2-12　主流馈线

我们常用的馈线一般分为：8D、1/2″ 普通馈线，1/2″ 超柔、7/8″ 主要馈线和泄漏电缆（5/4″）等型号。

📖 **注意**

x/x 是馈线的外金属屏蔽的直径，和内芯的同轴无关。例如 1/2″ 就是指馈线的外金属屏蔽的直径是 1.27cm，7/8 就是指馈线的外金属屏蔽的直径是 2.22cm，外绝缘皮是不算在内的。

7D、8D 也是外金属屏蔽的直径，单位为 mm。

其中，8D 和 1/2″ 超柔主要用作跳线；

室内分布一般使用 1/2″ 普通馈线和 7/8″ 普通馈线，基站主要使用 7/8″ 馈线；

泄漏电缆 5/4″ 馈线一般在隧道用得多。

跳线：连接设备、器件的短电缆（或光纤）。有一种跳线与馈线区别不大，由于只是弯曲半径小、柔软，因此用来连接馈线与天线、馈线与 BTS 设备，长度较短；另一种光纤跳线短距离连接光传输设备。光纤跳线采用光电转换，而光在传输中几乎零损耗，所以其损耗可被降到最低。

跳线还可以分为室内跳线和室外跳线。从避雷器到合路器的连接线，被称作室内跳线，一般长度为 3m，常用的接头有 7/16DIN 型、N 型、直头和弯头。室外跳线又被称作天线小天线，是连接 7/8″ 主馈线与天线下接口的连接线。室内跳线一般是软跳线，不适合在室外使用，所以在资源充足的情况下，不要用室内跳线换室外跳线。另外，室内、室外跳线接头有机压头和手工头两种。基站端跳线及安装示意如图 2-13 所示。

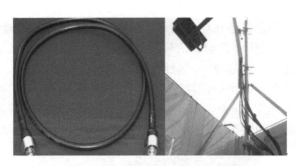

图2-13　基站端跳线及安装示意

3）GPS

GPS 是英文 Global Positioning System（全球定位系统）的简称，中文简称为"球位系"。GPS 是 20 世纪 70 年代由美国陆海空三军联合研制的新一代空间卫星导航定位系统，如图 2-14 所示。其初衷是为军队作战行动提供服务，主要目的是为陆、海、空三大领域提供实时、全天候和全球性的导航服务。如今，GPS 技术已广泛用于航天、航海、测量和勘察等领域，应用形式也变得多种多样，人们称 GPS 是继计算机之后的又一场技术革命。

图2-14　GPS

（4）铁塔、通信杆、通信抱杆及天线美化

在移动通信基站工程建设过程中，挂放在铁塔、通信杆、通信抱杆上的天线主要利用 FDD 和 TDD 两种空中接口技术来传递信号。在铁塔、通信杆、通信抱杆上，天线的发射高度、发射机功率大小和服务距离有很大的关系。发射机功率一定时，铁塔、通信杆上发射天线越高，服务距离越远。常见的铁塔、通信杆有 20m、30m、40m 和 60m；常见的通信抱杆有 3m、4m、6m、9m。铁塔、通信杆、通信抱杆如图 2-15、图 2-16 和图 2-17 所示。

图2-15 铁塔

图2-16 通信杆

图2-17 通信抱杆

天线美化实际上就是将天线或天线组合体进行美化或是伪装成一个载体的过程，这个载体通常有一个外壳，这就会给原有天线带来电气及机械性能的影响，对其的规范、测量，将会引导美化天线的发展走向。

① 在电气性能方面，这个载体将会对天线的增益、驻波比、方向图和前后比等指标产生影响，这种影响将会对整个移动通信网络带来负面作用，因此需要加以规范。在长期使用后，美化天线的电气性能仍然需要满足要求。

② 在机械性能方面，美化天线必然受到日晒、风吹、雨淋等外界长期的作用，在这个长期的过程中，美化天线必须保证原有的机械特性不发生改变。由于一些美化天线是建设在楼顶等较高位置上，因此机械特性十分重要。

③ 在美化天线测试方面，需要一种比较权威的测试方法，这样就会解决一些因为测试方法不统一带来的纷争，也会衡量出不同厂商产品的优劣。

常见的美化天线如图2-18所示。

图2-18 美化天线

由于实际应用的美化天线具有多样性和复杂性，因此给标准的制订带来了一定的难度，但是我们只要抓住重点问题，总结方法，对关键指标予以重点强调，对其他指标给出一些指导建议，对美化天线品种和外型的多样性给出适当建议，这样制订出来的标准必定会对实际的生产、建设及其他方面产生积极的影响。

美化天线是移动通信网络发展到一定阶段的必然产物，虽然它会给系统带来一定影响，但美化天线的出现丰富了移动通信的网络建设方案，美化了环境，解决了网络建设中的难题，促进了移动通信网络的发展，美化天线已经成为移动通信网络中不可或缺的部分。随着移动通信网络的不断扩大和延伸，美化天线将会在移动通信网络中起到越来越重要的作用。

3. 附属设施

（1）空调

通信机房的空调具备新风节能、大风量、高显热、高效过滤、网络控制等功能，可满足机房的高负荷、长时间连续运转的散热要求。基站空调的室外机部分如图2-19所示。

图2-19　基站空调的室外机部分

基站空调的功能如下。

1）相序保护和相序容错

相序保护功能能够实现对三相电源的实时检测，当出现缺相、掉相、相序不平衡无法稳定运行时，保护器强制停止空调运行，起到保护空调机组的作用。相序容错功能使得在输入端相序接错时，不需要人为调整相序，机器能够自动识别转换相序，从而保证基站空调安全高效地正常运转。

2）远程故障识别与报警

基站专用空调具有故障自动诊断和故障显示功能，当发生故障时显示故障代码，并远程报警，维修人员可以对故障部位一目了然，这样便于维修人员对空调进行维护和保养。

3）远程通信控制

基站专用空调可以通过远程控制方式执行开机、设置、关机操作，并可同时监视、调整空调的运行情况，确保多机使用安全可靠，并且节省管理费用。

4）超大风量、杜绝凝霜

基站空调出风量远远大于同效力的普通空调，实际运行中有小焓差和高显热的特点，保证基站设备的发热量能被及时带走，杜绝了空调冷风产生的凝霜问题。

5）掉电记忆和自动重启

当基站专用空调断电后重新连通电源时，空调会按照断电前的状态继续运行。

6）模糊智能控制

在被设定为自动运行时，基站专用空调能根据室温自动决定制冷、制热、恒温工作模式。

7）压缩机内置、防盗设计

压缩机安装在室内，方便室外机的安装，也能防止室外机被偷，减少损失，并方便空调的日常维护和保养。

8）双机切换

双压缩机的 10 匹基站专用空调，具有压缩机延迟启动和记忆切换功能，可有效延长基站专用空调的使用寿命。

9）过电流保护

该功能实现对空调机组在工况负载大、运行负荷小或电源电压异常等特殊情况下的功能保护。

（2）动力环境监控系统

机房动力环境设备主要包括供配电设备、UPS、空调、安防设备等。一旦这些机房动力设备出现故障，就会危及计算机系统的安全正常运行，严重时会造成机房内的计算机设备故障，甚至使系统长时间全面瘫痪，后果不堪设想。因此，对机房动力环境设备以及计算机主机和网络系统进行自动化实时监控和有效管理是非常必要的。尤其在机房场地设备维护和管理专业人员比较紧缺的情况下，对机房动力环境设备进行现代化监控和管理更显得十分重要。

机房动力环境监控的主设备如图 2-20 所示，三相电压传感器、断电告警器如图 2-21 所示，门禁监控如图 2-22 所示。

图2-20　监控主设备

图2-21　三相电压传感器、断电告警器

图2-22　门禁监控

动力环境监控系统针对各种通信局站（包括通信机房、基站、支局、模块局等）的设备特点和工作环境，对局站内的通信电源、蓄电池组（如图2-23所示）、UPS、发电机、空调等智能、非智能设备以及温湿度、烟雾、地水、门禁等环境量实现遥测、遥信、遥控、遥调等功能。本监控系统充分利用了通信传输设备所能提供的各种传输信道资源，不但可以成功实现多级网管，使局站无人值守成为现实，而且可以高效率地使用信道资源，从而为用户节约大量的信道资源投入和运行维护投入，降低用户运营成本。监控中心软件可实现中文图形化人机界面的操作，界面更友好、功能更强大，可实现对所有局站的全参数、全方位的监控，大大提高了用户的维护管理效率。

图2-23　蓄电池组

2.1.3　其他类别工程介绍

近十年来，国内信息网络的发展对通信基础设施提出了越来越高的要求，各种网络接入技术越来越受到人们的重视。网络接入大致上可分为宽带网络接入和移动网络接入两类。许多技术如 DDN、xDSL、56K、ISDN、微波、帧中继、卫星通信等都成为人们关注的对象。

1. 微波通信

微波通信是使用 1mm ～ 1m 波长的电磁波通信技术。该波长段电磁波所对应的频率范围是 300 MHz（0.3 GHz）～ 300 GHz。

微波通信与同轴电缆通信、光纤通信和卫星通信等现代通信网传输方式不同，其可以直接使用微波作为介质通信，不需要使用固体介质，当两点间直线距离内无障碍时可以使用微波传送。微波通信具有容量大、质量好并可远距离传输的特点，因此是国家通信网的一种重要通信手段，也普遍适用于各种专用通信网。

（1）数字微波线路组成

一条数字微波通信线路由终端站、中继站和电波空间组成，如图 2-24 所示。根据对接收信号的处理方式的不同，中继站又分为中间站、再生中继站和枢纽站。

图2-24　数字微波线路组成示意

微波工程通信系统组成如图 2-25 所示。

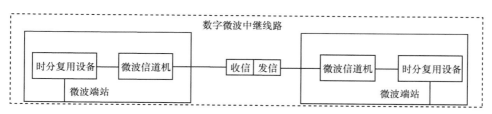

图2-25　微波工程通信系统组成示意

（2）链路组成

图 2-26 是一跳 ML-GS 数字微波通信系统的链路组成示意图。一跳设备包括两台调制解调器（IDU）、两台收发信设备（ODU）、两副天线，以及两根连接 IDU 与 ODU 的中频电缆。链路通过 CIT（Craft Interface Terminal）进行配置和管理。数字微波网管软件 NMS 是基于 SNMP 的网元管理器，也可以实现同样功能，本地调测软件。

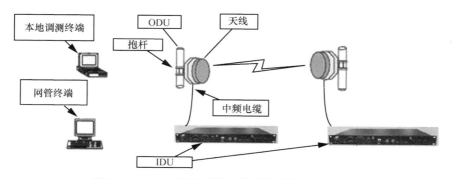

图2-26　ML-GS数字微波通信系统的链路组成示意

微波通信工程系统的设备主要由收发信设备（ODU）及调制解调器（IDU）组成。ODU 与 IDU 示意如图 2-27 和图 2-28 所示。

图2-27　收发信设备（ODU）示意

图2-28　调制解调器（IDU）示意

微波工程实施内容：安装、调测天馈线设备 – 安装 ODU 设备 – 安装 IDU 设备 – 调测设备 – 制作竣工文件 – 验收工程。

2. 卫星通信工程

卫星通信简单地说就是地球上（包括地面和低层大气中）的无线电通信站之间利用卫星作为中继而进行的通信。卫星通信系统由卫星和地球站两部分组成。卫星通信的特点是：通信范围大，只要在卫星发射的电波所覆盖的范围内，在任何两点之间都可通信；不易受陆地灾害的影响（可靠性高），只要设置地球站电路即可开通（开通电路迅速）；同时可在多处接收，能经济地实现广播、多址通信（多址特点）；电路设置非常灵活，可随时分散过于集中的话务量；同一信道可用于不同方向或不同区间（多址联接）。

卫星通信系统实际上也是一种微波通信，它以卫星作为中继站转发微波信号，在多个地面站之间通信，卫星通信的主要目的是实现对地面的"无缝隙"覆盖，由于卫星工作于几百、几千，甚至上万千米的轨道上，因此覆盖范围远大于一般的移动通信系统。但是由于卫星通信要求地面设备具有较大的发射功率，因此不易普及使用。

卫星通信系统由卫星端、地面端、用户端 3 部分组成。卫星端在空中起中继站的作用，即把地面站发上来的电磁波放大后再返送回另一地面站，卫星星体又包括星载设备和卫星母体两大子系统。地面站是卫星系统与地面公众网的接口，地面用户也可以通过地面站进入卫星系统形成链路，地面站还包括地面卫星控制中心以及跟踪、遥测和指令站。用户端即是各种用户终端。

卫星通信组网示意如图 2-29 所示。

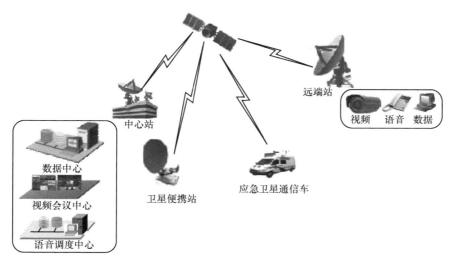

图2-29　卫星通信组网示意

卫星通信业务如图 2-30 所示。

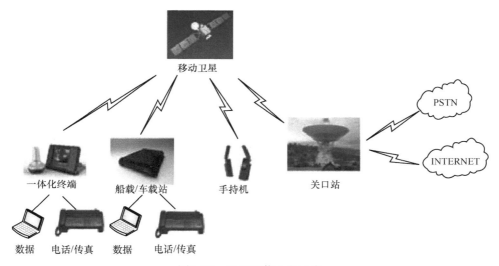

图2-30　卫星通信业务示意

卫星通信工程的实施流程：卫星地面中心站建设 – 卫星通信便携站建设 – 卫星接收天线安装 – 卫星设备安装及调测 – 天馈线缆安装 – 竣工文件制作 – 工程验收。

2.2　工程作业安全

工程作业中的安全问题是一个很重要的内容。安全管理部门要制订安全管理制度和详细的安全保障措施并落实各级管理人员安全生产目标责任制，以"谁主管，谁负责"为原则，安全管理部门要与相关人员签订《安全责任书》，通过层层把关，确保工程作业的安全及文明施工，保证施工过程中不发生任何安全责任事故。

2.2.1 安全设施使用介绍

1. 着装

（1）统一着装

施工人员在工作期间应按规定穿公司统一配发的工作服，不允许施工人员标新立异，搞特殊化。

（2）工作鞋的穿着

施工人员在工作期间应按规定穿着符合 GB12011—2000《电绝缘鞋通用技术条件》的绝缘鞋。特别是设备操作涉电人员、登高人员和线路施工人员，必须穿着耐 5 kV 电压的软底绝缘胶鞋，不允许穿凉鞋、皮鞋、旅游鞋、休闲鞋进入施工现场。客户进入机房须穿鞋套，并按客户管理规定执行相关操作。

（3）防护手套的使用

线路施工人员、登高作业人员、从事物体搬运工作的人员以及在严寒冰冻气候下的施工人员，在工作期间应当按规定佩戴防护手套（布质或纱质手套）或防寒手套。

（4）安全帽的使用

从事线路施工人员、室外设备安装人员、维护登高或上杆抢修人员，在施工期间应按规定正确佩戴符合 GB2811—1989 中要求的标准盔式、复合衬、塑料安全帽。安全帽上应当有制造工厂名称、厂址、型号、生产日期、生产合格证和安监证。佩戴安全帽时，帽衬与帽壳内顶应保持 25～50 mm 空间，扣好下颏，戴正安全帽。

施工班组长应经常检查施工人员的安全帽是否完好，当发现损坏时，应及时更换，以保证安全帽符合规定施工要求。

（5）安全带的使用

登高作业人员在进行上杆、登塔等高处作业时，必须正确佩戴安全带，安全带的带体上应有合格证等标志。安全带的使用要求：安全带应做垂直悬挂，高挂低用，必须挂在牢固的闭合的构件上；当作水平位置悬挂使用时，注意防止摆动和碰撞；不准将绳打结使用，也不准将钩直接挂在不牢固的物体上；对于使用频繁的安全带，要经常检查外观，发现异常时，应立即更换新的安全带。

（6）独杆塔保险扣的使用

当移动基站独杆塔须配备独杆塔保险扣时，应使用独杆塔专用保险扣。保险扣不用时，施工人员应妥善保管和保养。

2. 工器具的使用

（1）梯子的使用

竹梯应牢固可靠，高度适宜。竹梯下部应绑扎防滑和绝缘橡皮，并不得破损。竹梯应当用红白相间的油漆涂刷，作为安全警示。使用竹梯时，立梯角度以 75°的正负 5°为宜。当梯子靠在吊线时，梯子上端至少应高出吊线 50 cm。施工人员在梯子上施工时，需要有人扶梯，防止竹梯摇晃、打滑；施工人员上下梯子时不能携带笨重的工具和器材。使用铝合金绝缘人字梯和专用凳子时，铝合金人字梯应坚固可靠，高度适宜，使用时，两梯夹角应保持 40°的正负 5°，施工人员应将锁扣牢固，防止滑动。人字梯展开使用时，转轴应当朝下，方向不能相反，梯脚底部应有防滑和绝缘橡胶包裹，并不得破损。梯子上不准有两人同时上下和作业，严禁垫高梯子，禁止在作业人员站在梯子时移动梯子。施工人员不得使用木制或简易的梯子，禁止使用梯底不稳及打滑的梯子。梯子不用时，应随时放倒，不准放在露天任其日晒雨淋，以防损坏。

（2）大小绳的使用

大绳的材质宜用尼龙带棉的材质，而不宜用白棕绳的材质。使用人员应经常检查大小绳的外观，若发现有磨损时，应及时更换大小绳。

（3）工具和工具包（箱）的使用

各类起子、扳手等工具应做好绝缘措施。起子绝缘要求：除起口裸露外的金属部分，其他部分都需用热缩套管完整绝缘，裸露部分不应超过1cm，绝缘部分不得破损，如有破损需及时重新绝缘。扳手绝缘要求：除扳手的扳口外，金属部分需用热缩套管完整绝缘，平时不用的扳手端口也需完整绝缘。

工具箱应完好无损，保持清洁。施工人员应将工具按常用和必用分别放在包（箱）内，暂时不用的工具可另外存放，每天开工前和当天工作结束后，应及时清点工具。

帆布工具包使用注意事项：施工人员使用前需检查工具包的完好、包带是否牢固等；工具包内切勿将测量仪表（万用表等）和带锋口的工具放在一起；上塔、上杆作业时，随身携带工器具的总重量不能超过5 kg，施工人员现场操作中不用的工具必须随手装入工具包内，以免不小心掉下伤人。

（4）蓄电池及蓄电池组搬运

施工人员搬运蓄电池时，要有专人指挥，步调一致，上楼梯及拐弯处要慢行，前后的人要相互照应，多人合作时，应按照身高、体力妥善安排位置，负重均匀，有利于安全。施工人员手搬或肩扛设备时，应搬、扛设备的牢固部位，不得抓碰布线、盒盖、零部件等不牢固、不能承重的部位。

（5）电烙铁的使用

施工人员使用新电烙铁前先要检查手柄、导线、插头是否完好，同时要用万用表电阻档检查插头与金属外壳之间的电阻值，当万用表指针不动时，说明不带电，否则应该彻底检查。使用电烙铁时，不能用力敲击物体，要防止跌落。烙铁头上焊锡过多时，可用布擦掉。不可乱甩烙铁头，以防烫伤他人。电烙铁暂时不用时应放在专用支架上。电烙铁使用结束后，应及时切断电源，拔下电源插头，待冷却后，再将电烙铁收回工具箱。严禁不切断电源和不妥善放置后，施工人员就离开操作现场。

（6）电锤的使用

电锤是手持电动工具，如图 2-31 所示。电锤常用于混凝土、石块类施工。如墙面打膨胀螺丝、对地加固、穿墙、穿地板打孔、穿线。

图2-31　电锤

以地面打孔为例。我们先在打孔的位置画十字线，并以十字线的交叉点为中心，用与固定设备所用的膨胀螺丝相匹配的锤头在地面上打孔。施工人员在用电锤开始打孔时，要求电锤运转速度一定要非常慢，并同时用手调节电锤位置，以保证所打孔的中心与十字线的交叉点重合，随后可逐渐加快电锤的运转速度，最终完成打孔工作。

注意

施工人员在地面打孔时需保证电锤与地面垂直，在开始钻孔的定位过程中，电锤的运转速度一定要慢，并随时调节转速和位置，等位置完全定好后，再逐渐加快电锤的运转速度。

安装完成的膨胀螺丝露出地面螺帽部分为 3 ～ 5 个丝扣或 5mm。

（7）电钻

电钻是手持电动工具，如图 2-32 所示。电钻主要用于钢材、木材类打孔。

图2-32　电钻

钻孔方法如下。

① 施工人员先画十字线，给要打的孔定位，使用洋冲和榔头在十字交叉点上冲击定位点。

② 将钻头尖对准所要钻孔的地方并且保持钻头垂直于工作表面，然后打开开关。

③ 当钻头快要钻透加工件时，持电钻的操作人员会有一种材料将要钻透的感觉，此时，应放慢转速（指有无级变速的电钻）减少进钻压力，用力握住电钻，以防钻透材料的电钻扭矩伤人，损坏加工件。

即使用力太大，钻孔速度也不会加快；相反，钻头的边缘会受到损坏，以致降低工作效率并缩短钻头的使用寿命。

（8）剥线钳

剥线钳主要用来剥掉细缆导线外部的绝缘层，如图 2-33 所示。

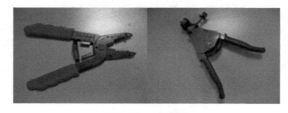

图2-33　剥线钳

（9）网线钳

网线钳主要适用于 RJ-45 网线接头和电话线接头的制作，如图 2-34 所示。

图2-34　网线钳

剥线：剥线的长度为 13 ～ 15 mm（只剥外皮），不宜太长或太短。

理线：双绞线由 8 根有色导线两两绞合而成，将其整理按橙白、橙、绿白、蓝、蓝白、绿、棕白、棕色平行排列，整理完毕后用剪线刀口将前端修齐。

插线：捏平双绞线，稍稍用力将排好的线平行插入水晶头内的线槽中，8 条导线顶端应插入线槽顶端。

压线：确认所有导线都到位后，将水晶头放入卡线钳夹槽中，用力捏几下卡线钳，压紧线头即可。

（10）同轴压接钳

同轴压接钳主要用于压制同轴电缆接头，如图 2-35 所示。

图2-35　同轴压接钳

我们可以根据所压接连接头的大小，选择合适口径的孔位进行压接，压接钳凸起的部位应该顶在连接头压接管的背部，要保证压接位置和方向的正确性。

（11）安全带、安全帽和安全绳

施工人员在使用安全带、安全帽和安全绳前必须检查，如有破损，停止使用，平时工作时应避开尖刺、钉子物体，不得接触明火和化学药品。经常保持清洁，脏后用温水及肥皂清洗，放荫凉处晾干，不可热水浸泡或日晒火烧。

安全帽、安全带、安全绳称为高空施工人员的生命三宝，如图 2-36 所示，施工人员必须强制使用，以确保人身安全。

图2-36　生命三宝

（12）其他

其他施工机具如吸尘器、砂轮机、电焊机、油机发电机、抽水机等，在使用前，施工人员应检查工具是否完好，外壳是否漏电，电源线绝缘层和插头是否有破损，必要时可进行空载试验，运转正常方可使用。操作时，施工人员应严格按《施工设备、机具安全生产操作规程》进行正确操作。

2.2.2　施工安全技术规范

（1）树立安全生产指导思想

为了建立健全公司安全生产的自我约束机制，加强对职工的安全生产的理念教育，以遏制和减少重大通信事故及伤亡事故为重点，公司应强化安全生产法制建设，树立"安全第一、预防为主"的思想。

（2）完善安全生产管理体系

首先公司建立内部的安全生产管理机制及管理体制，明确管理层次、设置必要的管理机构和合理配置专业人员；安全生产管理体系应由决策层、管理层和执行层组成，决策层对公司的固有危险具有定量认识，掌握各种事故隐患的分布情况，对于出现的事故隐患和发生的事故能及时做出治理和处理的决策。各职能部门作为安全生产管理体系的管理层，对本部门所承担的相应的安全生产管理职能负责。各施工队作为通信生产基层单位是安全生产管理体系的执行层，是直接从事生产运作的部门，须及时处理随机出现的事故和处理安全生产事故。

（3）建立安全生产责任制度

责任制是所有公司安全生产管理的灵魂，没有责任制就没有管理，公司应严格各级、各个环节的责任制度，加强考核和督促检查，切实把安全生产责任制贯彻到公司管理的全过程。公司建立安全生产责任制体系应首先建立安全生产自我约束机制，安全生产自我约束机制包括组织自我约束机制和个人自我约束机制两个系统。无论组织和个人都必须提高安全生产的自我约束力，真正做到落实责任，尽职尽责。

（4）严格安全生产监督检查机制

公司只有经常开展安全生产监督检查，才能及时发现生产过程中安全状况的各种变化和隐患，及时采取整改措施，以避免或减少工伤事故的发生。各基层单位以"谁主管，谁负责"的原则，建立自我管理和自我监督机制。而其上一层的安全生产职能管理部门则对其安全生产目标责任制进行监督检查，并做到"依法行事、有法必依、违法必究、执法必严"。同时帮助被监督对象改进工作、消除事故隐患、提高安全生产意识、增强责任感和使命感，完善并认真执行安全生产规章制度。

（5）加强全员安全生产素质教育

公司应定期召开安全会议，组织员工进行安全技能培训及安全生产教育。安全生产教育包括：方针政策教育、法规制度教育、安全技术教育以及典型经验、事故教训、劳动纪律教育等。企业通过对职工的安全生产教育，帮助职工掌握通信业生产规律、特点和劳动保护科学管理及安全生产操作技术，不断学习和推广科学知识及新技术、新操作方法，提高公司员工的工效、公司的效益和生产技术水平。

1）安全生产实施办法

工程部是公司主要的生产部门，负责各地区、各项目的无线通信工程施工任务，施工安全管理是工作的重要内容，主要是加强安全生产管理，保障施工人员的安全，以及确保公司的经济效益能持续稳定地增长。工程部需要落实安全生产目标责任制，施工队长作为施工现场第一负责人，负责施工的组织、安全工作。

项目经理会每月定期召集各施工队召开安全生产总结交流会，加强对施工队安全生产意识的教育，将安全生产落到实处；同时工程部将不定期地对施工现场安全检查，杜绝一切安全隐患。

2）无线基站项目部的安全生产职责

移动扩容工程的无线基站项目部、项目经理对本部门安全生产负全部责任，施工队长、技术人员、质检人员等作为施工现场第一负责人，负责工程施工的组织和安全工作。

无线基站项目部在制订生产计划的同时必须制订劳动保护措施计划，采取有效的安全技术和劳动卫生措施，根据项目部的自身特点制订详细的生产人员安全操作规程。项目部落实生产岗位安全责任制，并定期对职工进行安全教育和操作技术培训，经常进行安全生产检查，及时排除安全隐患，确保安全生产。

认真贯彻"谁主管、谁负责"的原则。树立"安全第一、预防为主"的指导思想，积极落实安全生产的各项制度，确保本部门安全无事故。

无线基站项目部负责本部门的工作现场的安全检查和监督，发现有危害职工或设备安全的重大隐患，必须立即停止生产作业、施工，迅速采取控制措施和解决办法。

无线基站项目部负责检查和配制安全生产工具及设施（包括安全带，安全帽，施工鞋等）。

无线基站项目部必须做好文件资料保密的安全管理，防止资料、文件等的丢失，建立健全的文件资料管理制度。

无线基站项目部要做好本部门的防火、防盗、安全用电和网络安全的管理。

无线基站项目部要定期召开本部门安全工作会议，组织安全生产经验交流，并向上级领导及安全生产主管部门汇报安全生产情况。

无线基站项目部要配合公司相关部门处理各种安全事故。

3）确保通信设备安全

严禁踩踏通信设备或破坏设备机柜。

相关人员运输设备时要做好设备的防震工作和防止设备在运输过程中挤压变形。

施工时注意设备的防尘、防水、防潮、防鼠处理。

安装时禁止用硬物敲击设备。

安装或拆卸电路板必须佩带防静电手镯。

施工现场如有在用设备，施工队长必须全程掌握设备运行情况，若发生不正常情况，应马上汇报设备监控部门，说明原因并协助处理问题。

4）用电安全

施工离不开电，施工现场也布放各种各样的电源线，若不正确用电会对人身安全构成威胁、毁坏设备、还会引起火灾。施工队长对用电方面必须严格采取以下安全措施。

a）所有人体触及或会接近的带电体必须做绝缘处理。

b）安装电池时必须对裸露部分和安装工具进行绝缘处理，防止正负极接触或正负极接反。

c）电气设备采用安全电压且必须有保护接地。

d）使用大功率电动工具（如电焊机、切割机）时，须注意线径的大小，避免过度发热烧毁，引起安全事故。

e）雨天严禁施工人员在室外带电施工。

f）通信设备电源必须由专业技术人员负责安装并仔细检查各电压、电流是否正常，特别是在对设备进行通电时，必须一步一步检查，避免烧坏设备。

g）施工队长是用电安全的把关人，也是直接责任人。

5）高空作业安全

通信工程中，施工人员不可避免地要上通信塔、杆进行高空作业，为此，施工队长必须检查高空作业人员的安全措施是否做好。

施工人员必须佩戴安全帽，系好安全带，并选择在安全的地方或方式进行施工作业。

施工人员需检查工具包及施工工具是否放置安全，防止高空坠物。

施工人员严禁穿硬底鞋上塔作业。

当下雨或刮大风时，禁止施工人员上塔作业。

塔上作业时，地面人员不能靠近作业区。

施工队长及时关注施工人员的身体状况，切不可疲劳施工，合理安排施工任务。

6）防火安全

火灾会对设施、设备及人身造成直接伤害。施工队在施工时必须配置灭火器，同时确保每位施工人员均会使用灭火器。

防患于未然——消除一切火灾隐患。

设备机房内（或某些室外施工场地）严禁吸烟。

注意设备用电负荷安全。

发现火灾后，现场人员应正确判断火源、火势和蔓延方向，并组织人员用消防器材灭火或控制火势并及时报警。

2.2.3　工程危险源介绍

1. 架空线路工程中的危险源

架空线路工程中的危险将包括特殊的地形、地质、气温，路由附近的高压电力线、低压裸露电力线及变压器，有缺陷的夹杠、大绳、脚扣、安全带、座板、紧线设备、梯子、试电笔等工具，有缺陷的钢绞线、夹板、螺丝、螺母、地锚石、电杆等材料，固定不牢固的滑轮、线担、夹板等高处重物，码放过高的材料，车上固定不牢的重物，千斤上的光（电）缆盘，未做防护的杆坑、拉线坑、未立起的电杆，绷紧的钢绞线，锋利的工具，燃油，伙房的煤气罐，雷电，有缺陷的标志，激光，异常的电压，行驶的车辆，传染病。

2. 直埋线路工程中的危险源

直埋线路工程中的危险源包括特殊的地形、地质、气温、地下电力线、挖开的无警示标志的光缆沟、车上固定不牢的重物、千斤上的光（电）缆盘、锋利的工具、行驶的车辆、漏电的电动设备、使用不当的喷灯、激光、异常的电压、雷电、有缺陷的标志、炸药、燃油、伙房的煤气罐、传染病。

3. 管道光（电）缆工程中的危险源

管道光（电）缆工程中的危险源包括（长途管道光缆）特殊的地形、人（手）孔内的有毒气体、落入人（手）孔的重物、车上固定不牢的重物、有缺陷的标志、断股的油丝绳、固定不牢的滑轮、安装不牢的拉力环、千斤上的光（电）缆盘、锋利的工具、开凿引上孔溅起的灰渣、使用不当的喷灯、激光、异常的电压、行驶的车辆、气吹机喷出的高压高温气体、打开的没有围栏的人（手）孔。

4. 通信管道工程中常见的危险源

① 长途通信管道工程中的危险源包括特殊的地形、地质、气温、地下电力线、挖开的无警示标志的管道沟、车上固定不牢的重物、千斤上的硅芯管盘、行驶的车辆、锋利的工具、雷电、有缺陷的标志、炸药、燃油、伙房的煤气罐、传染病。

② 市内通信管道工程中的危险源包括特殊的气温、地下电力线、煤气管道、挖开的或无警示标志的管道沟、人（手）孔坑、不牢固的挡土板、落入作业点的重物、车上固定不牢的重物、行驶的车辆、漏电的电动设备、有缺陷的标志、炸药、燃油、伙房的煤气罐。

5. 室内设备安装工程中常见的危险源

室内设备安装工程中常见的危险源包括带钉子或铁皮的机箱板、有缺陷的电钻、试电笔、万用表、高凳、切割机、电焊机等工具、强度不够的楼板、不合格的防雷系统、高处的重物、静电、激光、异常的电压、储酸室、电池室中能够产生电火花的装置、有缺陷的标志、割接时未作绝缘处理的工具、带电裸露的电源线或端子、行驶的车辆、传染病。

6. 室外设备安装工程常见的危险源

室外设备安装工程常见的危险源包括特殊的环境、制动失灵的吊装设备、有缺陷的电钻、电笔、切割机、电焊机等工具、高处的重物、附近的带电体、微波辐射、雷电、不合格的防雷系统、有缺陷的安全带。

7. 各专业工程中常见的危险源

各专业工程中常见的危险源包括违章指挥、野蛮施工、违规操作、长时间作业、睡眠不足、身体不适、未进行安全技术培训的人员等。

2.2.4　安全施工流程

1. 一般工程安全施工流程

工程安全施工流程如图 2-37 所示，施工人员应了解作业场所和工作岗位存在的危险因素、防范措施及施工应急措施；作业班组负责人在每天开工前，应进行班前安全讲话，向作业人员强调安全注意事项。

工程项目施工必须实行安全技术逐级交底制度，并纵向延伸到全体作业人员。

安全技术交底的主要内容包括以下几点：

① 工程项目的施工作业特点和危险因素；

② 针对危险因素制定的具体预防措施；

③ 相应的安全操作规程和标准；

④ 在施工生产中应注意的安全事项；

⑤ 发生事故后应及时采取的应急措施。

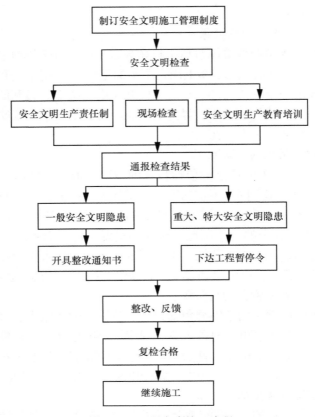

图2-37　工程安全施工流程

　　施工人员在施工生产过程中，必须按照国家规定和不同的作业需要，正确穿戴和使用相应的劳动保护用品。从事特殊工种的作业人员在上岗前，必须进行专门的安全技术培训和操作技能考核，施工人员考核合格，并取得《特种作业人员操作证》后方可上岗。

　　施工单位应根据施工现场情况编制应急预案。

　　施工现场应急预案编制内容包括以下几点：

　　① 对现场存在的重大危险源和事故危险性进行预测和评估；

　　② 确定现场应急预案组织的机构、职责、任务；

　　③ 现场预防性措施；

　　④ 明确报警、通信联络的电话、对象和步骤；

　　⑤ 应急响应时，对现场员工和其他应急保障人员的行为规定。

　　施工现场应急救援包括以下内容：

　　① 施工现场发生交通事故、触电、火灾、落水、人员高处坠落等；

　　② 施工现场发生电路阻断、电源短路，造成设备损坏或使在运行设备停机事故；

　　③ 发生任何事故后必须及时逐级上报；

　　④ 项目负责人接到事故报告后，应迅速采取有效措施，积极组织救护、抢险，减少人员伤亡和财产损失，防止事故继续扩大，并立即报告安全生产主管部门或上级部门。

项目总结

1. 了解有线通信系统的分类。
2. 掌握基站通信工程的内容。
3. 熟记工程施工安全技术规范。

思考与练习

1. 基站发射机工作原理是什么？
2. 什么是数字光端机？
3. 基站工程动力与环境监控系统的作用有哪些？
4. 安全工具包括哪些？

进 阶 篇

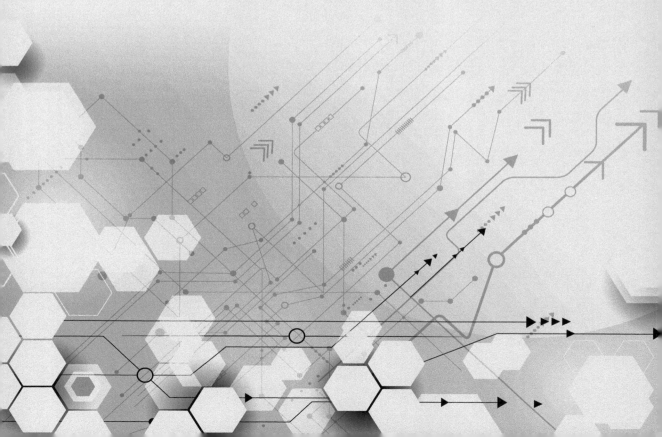

项目3 移动通信基站工程建设

项目引入

随着经济与生活需求的不断提高，第四代、第五代移动通信技术的快速发展，手机的保有量急速增加，移动通信已成为人们工作与生活中不可缺少的工具。通信技术逐渐成为人类日常活动中主要的信息交流工具。庞大的金融业、商业、服务业也越来越依赖通信系统，确保规范、严谨、无差错的通信工程建设是建设高质量通信网络必不可少的环节。而作为手机接入网络的关口，基站工程建设又是其中的重要内容之一。

本章主要讲述基站工程的类别，并介绍基站内的主要设备、工程工艺、安装标准、验收标准等。

学习目标

1. 识记：移动基站工程的系统架构。
2. 领会：基站内主要设备的安装要求。
3. 应用：基站工程竣工文件制作。

▶▶ 3.1 任务1：移动通信基站工程简介

移动通信基站工程建设的内容包括：主设备安装、配套设备安装、附属设施建设三部分。

3.1.1 移动基站工程建设内容介绍

基站是移动通信基站无线电台站的一种主要形式，它指的是在无线电覆盖范围内，利用移动通信交换中心完成信息的无线传递。基站是运动通信的基本单元，其主要功能是完成通信用户的管理和通信功能。

移动通信基站项目类型主要分为交换、无线、土建、业务等，因为移动通信项目涉及的内容多、专业化程度高、建设周期紧张等特点，所以在具体建设过程中需要一套完善的、科学的管理方式。

3.1.2 移动基站组成系统架构

1.2G 移动通信系统架构

2G 通信系统采用 3 级网络架构，即 BTS–BSC– 核心网。2G 核心网同时包含 CS 域和 PS 域。

2G 通信系统起初主要采用一体式基站架构。一体式基站架构如图 3-1 所示，基站的天线位于铁塔上，其余部分位于基站旁边的机房内。天线通过馈线与室内机房连接。

一体式基站架构需要在每一个铁塔下面建立一个机房，其建设成本和周期较长，也不方便网络架构的拓展。

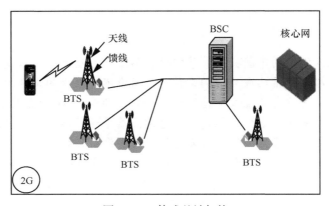

图3-1　一体式基站架构

一体式基站架构逐渐发展成为分布式基站架构。分布式基站架构将 BTS 分为 RRU 和 BBU，如图 3-2 所示。其中 RRU 主要负责与射频相关的模块，包括中频模块、收发信机模块、功放和滤波模块。BBU 主要负责基带处理和协议栈处理等。RRU 位于铁塔上，而 BBU 位于室内机房，每个 BBU 可以连接多个（3 ～ 4 个）RRU。BBU 和 RRU 之间采用光纤连接。

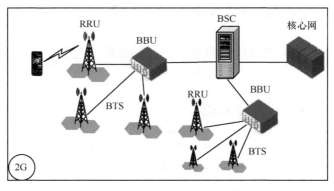

图3-2　2G分布式基站架构

2. 3G 网络系统架构

从 2G 网络发展到 3G 网络时,为了节约网络建设成本,3G 网络架构基本与 2G 保持一致。

3G 通信系统同样采用 3 级网络架构,即 NodeB - RNC- 核心网。3G 核心网同时包含 CS 域和 PS 域。

3G 时代主要采用分布式基站架构。分布式基站架构将 NodeB 分为 BBU 和 RRU 两部分,如图 3-3 所示。

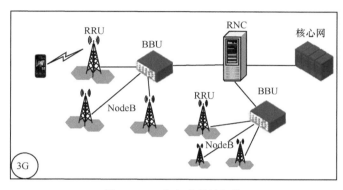

图3-3　3G分布式基站架构

3. 4G 网络系统架构

4G 时代的到来,使得基站架构发生了较大的变化。为了降低端到端时延,4G 采用了扁平化的网络架构。将原来的 3 级网络架构"扁平化"为 2 级,即 eNodeB- 核心网。RNC 的功能一部分分割在 eNodeB 中,一部分移至核心网中。4G 核心网只包含 PS 域。

4G 基站基本采用分布式基站的架构,如图 3-4 所示。同时,由中国移动提出并推动的 C-RAN 架构也逐渐推广。C-RAN 架构将 BBU 的功能进一步集中化、云化和虚拟化,每个 BBU 可以连接 10 ～ 100 个 RRU,进一步降低网络的部署周期和成本。

与传统的分布式基站不同,C-RAN 打破了远端无线射频单元和基带处理单元之间的固定连接关系。每个远端无线射频单元不属于任何一个基带处理单元实体。每个远端射频单元上发送和接收信号的处理都是在一个虚拟的基带基站完成的,而这个虚拟基站的处理能力是由实时虚拟技术分配基带池中的部分处理器构成的。

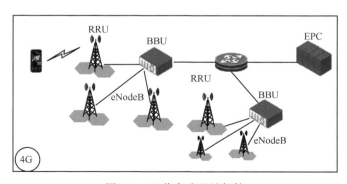

图3-4　4G分布式基站架构

4.5G网络系统架构

为了进一步提高5G移动通信系统的灵活性，5G采用三级网络架构及DU-CU-核心网（5GC）。DU和CU共同组成gNB，每个CU可以连接1个或多个DU。CU和DU之间存在多种功能分割方案，它们可以适配不同的通信场景和不同的通信需求，如图3-5所示。

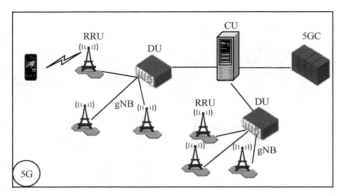

图3-5　5G分布式基站架构

3.1.3　移动基站配套设备组成及设备类别

基站土建机房内配套设备包括电源设备、空调设备、传输设备、监控设备等。如果从各专业系统来划分，可以从以下几个方面来阐述。

1.防雷接地系统设备

移动基站地网由机房地网、铁塔地网或者由移动基站地网、铁塔地网和变压器地网组成，基站地网应充分利用机房建筑基础（含地桩）、铁塔基础内的主钢筋和地下其他金属设施作为接地体的一部分。

在整个防雷系统中，接地系统是一个基本前提，只有具备了良好的接地系统，防雷设备才能真正发挥作用。

根据移动通信基站防雷与接地设计规范YD5068-1998中4.1规定：① 移动通信基站应按均压、等电位的原理，将工作地、保护地和防雷地组成一个联合接地网。站内各类接地线应从接地汇集线或接地网上分别引入。② 移动通信基站地网由机房地网、铁塔地网和变压器地网组成。基站地网应充分利用机房建筑物的基础（含地桩）、铁塔基础内的主钢筋和地下其他金属设施作为接地体的一部分。当铁塔设在机房房顶、电力变压器设在机房楼内时，其地网可合用机房地网。

（1）水平接地体材料

水平接地体一般采用纯铜线、镀铜线、热镀锌扁钢、锌包钢等材料。

（2）接地线与接地引下线

接地线宜短、直，横截面积为 $35 \sim 95 \text{ mm}^2$，材料为多股铜线。

① 接地引入线长度不宜超过30m，其材料为镀锌扁钢，截面积不宜小于 $4\text{mm} \times 40\text{mm}$ 或不小于 95 mm^2 的多股铜线。接地引入线应做防腐、绝缘处理，并不得在暖气地沟内布放，

埋设时应避开污水管道和水沟，裸露在地面以上的部分应做防止机械损伤的措施。

②　接地引入线由地网中心部位就近引出与机房内接地汇集线连通，新建站的接地引入线不应小于两根。

（3）接地汇集线

①　接地汇集线一般设计成环形或排状，材料为铜材，横截面积不应小于 120 mm²，也可采用相同电阻值的镀锌扁钢。

②　机房内的接地汇集线可安装在地槽内、墙面或走线架上，接地汇集线应与建筑钢筋保持绝缘。

除此之外，防雷接地系统设备还包括避雷针、避雷器、接地铜排等。

2. 电源设备系统

基站供电系统组网如图 3-6 所示。

基站供电系统主要由交流供电系统和直流供电系统组成。

交流供电系统由一路市电电源、一路移动油机电源、浪涌保护器、交流配电箱（具备市电油机转换功能）组成。

直流供电系统由高频开关组合电源（含交流配电单元、监控模块、整流模块、直流配电单元）、两组或一组蓄电池组组成。

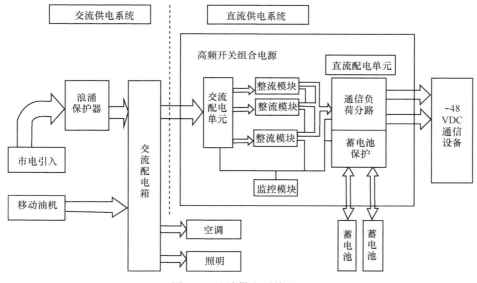

图3-6　基站供电系统组网

基站电源系统主要包括：AC 交流配电箱、DC 直流电源柜、防雷器、三相浪涌保护器等。

3. 空调设备

机房内的空调设备一般由室内机和室外机两部分组成，常用的为立式空调，机房面积较小的，也可以采用挂式空调。空调要求是冷热空调。

4. 传输设备

传输设备由无线接入网基站机房通过空中接口技术将终端的语音和数据信号转化为电路域的信号；电路域的信号再通过数字配线架（DDF）传输到光端机，再由光端机对信号进行光电转换，通过光纤配线架（ODF）传输到核心机房进行数据处理。而发射方向则正好相反。无线接入网基站传输设备简单地说就是一个光路和电路转换的过程。

光缆为传输介质，传输设备（含传输介质）主要包括：光缆、电缆、2M线、网络线、光收发机、光中继器、DDF、ODF、配线架、光端机等。

5. 监控设备

基站内的监控主要分为两部分：一种是出于防火、防盗、防水浸等要求进行的监控；另一种是出于远程控制目的进行的监控。在当前，已经有完善的监控系统将其合二为一，被称为基站动力环境监控系统，简称动环监控系统。

动环监控系统如图3-7所示。

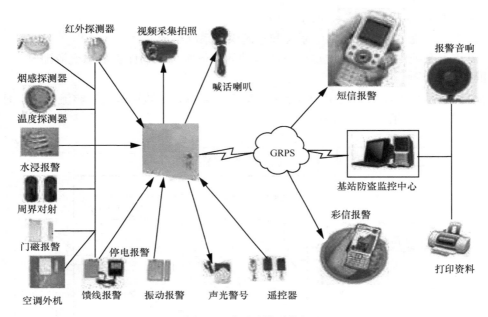

图3-7　动环监控系统组

动环监控系统中主要使用的设备有：传感器（烟感探测器、温度探测器、水浸探测器、门磁告警器、空调室外机告警器、红外探测器、视频采集器、震动传感器等）、传输介质（电源线、传感线、网线等）、动力环境监控采集主机、GPS模块等。

3.1.4　移动基站工程实施流程

通信工程建设的整个流程包括：工程勘测—工程设计—工程基础建设—生产发货—开箱验货—硬件机架安装—通信电源安装—通信线缆制作—通信线缆综合布线—天、馈系统安装—硬件验收—工程初验—开通调试—设备试运行—工程终验等环节。

移动通信基站工程建设流程需要精细化的管理和建设，下面我们分别以新建站、扩容站、搬迁站的建设流程为例来展开学习。

1. 新建站建设实操流程

新建站建设实操流程如图3-8所示。

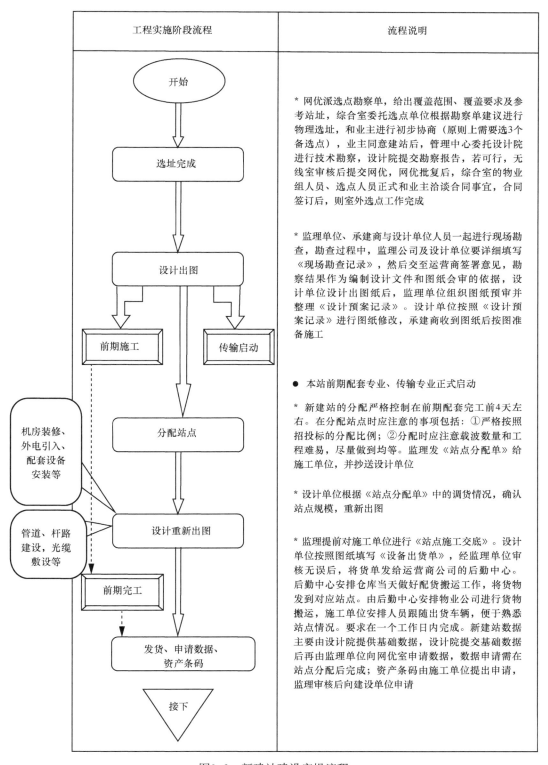

图3-8 新建站建设实操流程

工程实施阶段流程	流程说明

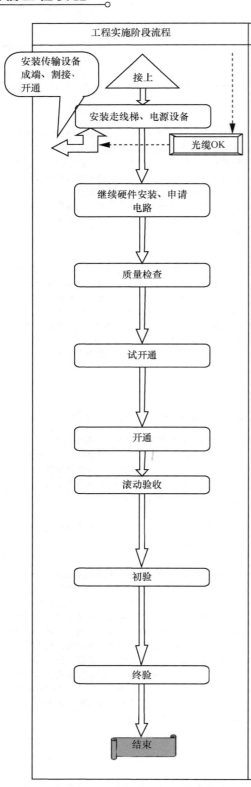

* 施工前，监理单位对施工单位现场进行《安全技术交底》，并先核对设计图纸，若发现设计图纸与实际不符时，应与运营商、设计单位取得联系，共同协商解决，按实际修改并由设计单位落实更改事宜。监理单位应安排施工单位先安装好室内走线梯、电源设备，为传输装机提供条件

* 施工单位按照规范进行设备安装、布放线缆、粘贴标签、资产条码。监理单位进行巡检并旁站所有隐蔽工程，同时做好相关表格记录。对于发现的问题监理单位应督促集成商及时纠正，并抄报运营商，DLDD电路由监理单位根据站点规模申请，不需开EDGE的一套传输可以开10载波，开EDGE的一套传输可以开9载波，对于一般的新建站传输申请需要等待传输上网管后申请。紧急站点可以提前3天申请，传输申请后需要向网维传输室跟踪跳线的进度

* 施工单位质检员按中兴版本验收规范对硬件工艺进行自检并做好记录后，通知监理人员进行检查。施工单位对检查中发现的问题及时整改。

* 无线施工单位按照以下步骤进行调测试开通：①AC架加电；②DC架加电；③无线机架加电；④对通传输；⑤写IDB；⑥用SATT系统LOAD数据；⑦通知BSC下载数据；⑧驻波比测试；⑨告警测试；⑩测试完成后的检查。监理全程旁站并进行相关记录、签证

* 在基站试开通后监理单位向网优部门发试开通公告，申请该站点的载波频点；网优基站室收到试开通报告后对新建站添加频点并激活，监理单位安排施工单位对站点进行测试，给网优提交开通测试报告，网优无线室发新建站正式开通通告

监理单位进行新建基站滚动验收条件具备的确认，要求具备条件：基站已开通正常运行，已完成新增设备资产条形码粘贴；发出验收检查通知。由监理单位整理后提交站点清单，联系代维公司和无线专业施工单位进行验收，验收过程中，代维单位严格按照中兴验收规范实施验收工作。站点验收完毕后，由监理单位记录遗留问题，并根据遗留问题的产生原因与相关单位进行遗留问题的整改工作。整改完成后，组织代维单位和无线专业施工单位进行复查，确保新建基站达到代维单位接手标准

监理单位审核工作量和竣工文件是否完整，并签署意见。建设单位复核同意后，作为结算依据，施工单位负责制作《初验技术文件》，工程建设部组织工程中心、网络维护中心、代维公司、监理单位、设计单位、施工单位初验，并填写《初验报告》，监理单位汇总收集所有工程资料。跟进限期处理初验遗留问题的解决情况，并报建设单位复核

① 工程管理中心无线室安排监理单位组织施工单位、维护单位检查初验遗留问题的处理情况。
② 工程建设部组织工程管理中心、网络维护中心、代维公司、监理单位、设计单位、施工单位召开终验总结会，施工单位完成初验最后遗留问题的整改，填写《初验遗留问题整改报告》，并由维护部门在终验前提供经修改后的《资产明细表》，由施工单位出版《终验竣工报告》（资产明细表作为终验竣工报告附件）

图3-8　新建站建设实操流程（续）

2. 扩容站建设流程

扩容站建设流程如图 3-9 所示。

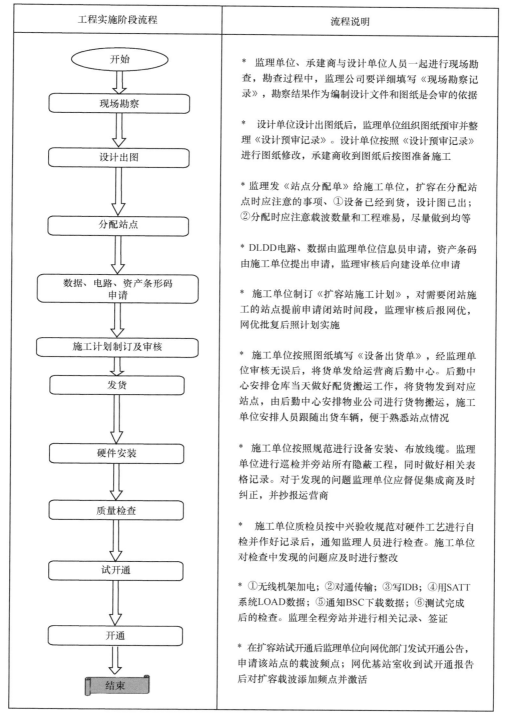

工程实施阶段流程	流程说明
开始	* 监理单位、承建商与设计单位人员一起进行现场勘查，勘查过程中，监理公司要详细填写《现场勘察记录》，勘察结果作为编制设计文件和图纸是会审的依据
现场勘察	* 设计单位设计出图纸后，监理单位组织图纸预审并整理《设计预审记录》。设计单位按照《设计预审记录》进行图纸修改，承建商收到图纸后按图准备施工
设计出图	
分配站点	* 监理发《站点分配单》给施工单位，扩容在分配站点时应注意的事项，①设备已经到货，设计图已出；②分配时应注意载波数量和工程难易，尽量做到均等
数据、电路、资产条形码申请	* DLDD电路、数据由监理单位信息员申请，资产条码由施工单位提出申请，监理审核后向建设单位申请
施工计划制订及审核	* 施工单位制订《扩容站施工计划》，对需要闭站施工的站点提前申请闭站时间段，监理审核后报网优，网优批复后照计划实施
发货	* 施工单位按照图纸填写《设备出货单》，经监理单位审核无误后，将货单发给运营商后勤中心。后勤中心安排仓库当天做好配货搬运工作，将货物发到对应站点，由后勤中心安排物业公司进行货物搬运，施工单位安排人员跟随出货车辆，便于熟悉站点情况
硬件安装	* 施工单位按照规范进行设备安装、布放线缆。监理单位进行巡检并旁站所有隐蔽工程，同时做好相关表格记录。对于发现的问题监理单位应督促集成商及时纠正，并抄报运营商
质量检查	* 施工单位质检员按中兴验收规范对硬件工艺进行自检并作好记录后，通知监理人员进行检查。施工单位对检查中发现的问题应及时进行整改
试开通	* ①无线机架加电；②对通传输；③写IDB；④用SATT系统LOAD数据；⑤通知BSC下载数据；⑥测试完成后的检查。监理全程旁站并进行相关记录、签证
开通	* 在扩容站试开通后监理单位向网优部门发试开通公告，申请该站点的载波频点；网优基站室收到试开通报告后对扩容载波添加频点并激活
结束	

图3-9　扩容站建设流程

3. 搬迁站建设流程

搬迁站建设流程如图 3-10 所示。

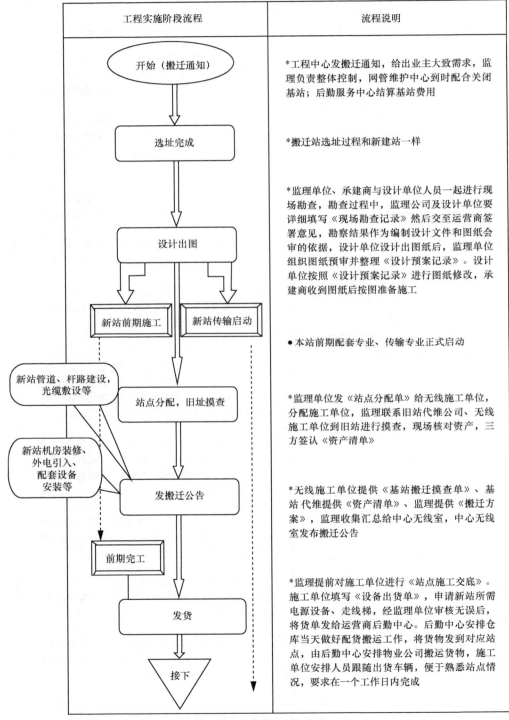

图3-10　搬迁站建设流程

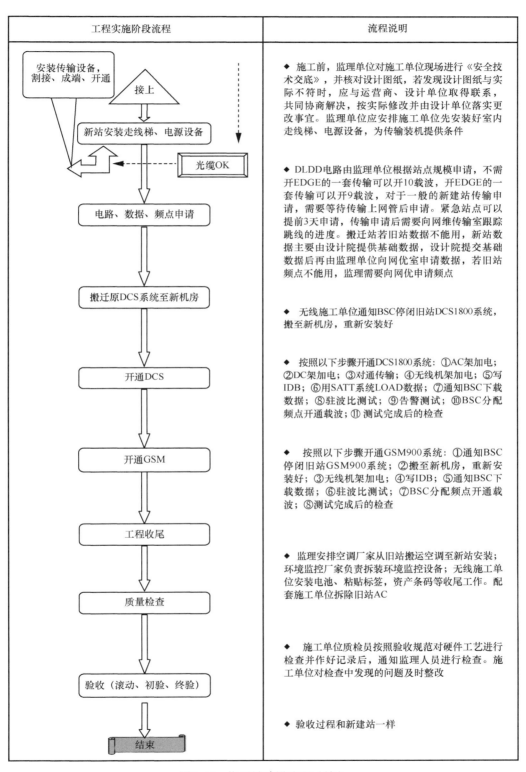

图3-10 搬迁站建设流程（续）

▶▶ 3.2 任务 2：移动基站工程的分类

3.2.1 基站工程分类定义及分类原则

通信工程建设根据项目执行的类型不同，可分为一般施工项目和交钥匙工程项目。

1. 一般施工项目（合作施工项目）

一般施工项目是指按照单独的设计文件、单独进行施工的通信工程建设项目。一般施工项目是雇主与施工队伍之间相互配合完成的合作性的施工项目。

国内的工程施工通常属于一般施工项目。

2. 交钥匙工程项目

交钥匙工程集合项目的设计、采购、施工。在通信工程中，交钥匙工程一般指包括规划、设计、生产、线缆建设、基础建设（机房、环境建设）、配套建设、系统集成等通信施工中所有的工程工作。在施工工程中，雇主基本不参与工作。即在施工结束后"交钥匙"时，网络承建方提供一个配套完整、可以运行的设施。

3.2.2 基站工程不同类别介绍

根据运营商项目投资的角度来划分，移动通信基站建设项目可分为：新建站、扩容站、搬迁站和分裂站。

1. 新建站

无线设备全部为新增设备的站点称为新建站，其包含室外大站、室内大站、室内微蜂窝、室外微蜂窝。

运营商网络建设模式有新址新建、共址新建和共享新建等情形。

新址新建：运营商新建一套基站，该基站从天馈线系统和主设备都是新安装在一个新启用的机房里，这个机房除了这套基站主系统外没有其他基站系统占用的情形。

共址新建：运营商新建一套基站，该基站从天馈线系统和主设备都是新安装在一个原本就有的机房里，这个机房除了这套基站主系统外还有运营商自身的其他基站系统。

共享新建：运营商新建一套基站，该基站的天馈线系统和主设备都是新安装在一个原本就有的机房里，但是这个机房产权是其他运营商的，这个机房除了这套基站主系统外还有其他运营商的基站系统。

跟新建相对应的概念是扩容、搬迁等。

2. 扩容站

因基站话务量过大，运营商为了提高基站的网络容量，在原有的无线系统上增加载波（TRU）及相应配套设备的站点称为扩容站。

扩容一般包括两种形式：一种是随着市话务容量的增多，基站需要增加载频硬件来容纳更多的用户，这被称为基站的硬件扩容。另一种是数据业务量的增长，基站则需要增加传输带宽来容纳更多的数据流量，这被称为基站的传输扩容，或者叫业务扩容。

3. 搬迁站

搬迁站是因业主投诉、合同纠纷等原因迁移整个基站物理位置的站点，其包含室外大站搬迁、室内大站搬迁、室内微蜂窝搬迁、室外微蜂窝搬迁。

4. 分裂站

随着用户密度的增加，话务容量的增加，运营商根据网络规划（例如六角边中心分裂）实现站址加密，将原来的小区分裂成更多的、覆盖面积更小的小区。

▶▶ 3.3　任务 3：基站主设备安装

3.3.1　基站主设备的含义

通信基站，即公用移动通信基站，它是无线电台站的一种形式，它是指在有限的无线电覆盖区中，通过移动通信交换中心与移动电话终端之间进行信息传递的无线电收发信电台。基站是移动通信中组成蜂窝小区的基本单元，并完成移动通信网和移动通信用户之间的通信和管理功能。

广义的通信基站是基站子系统（Base Station Subsystem，BSS）的简称。我们以 GSM 网络为例，它包括基站收发信机和基站控制器。一个基站控制器可以控制十几个或几十个基站收发信机。而在 WCDMA 等系统中，类似的概念被称为 NodeB 和 RNC。

狭义的通信基站，即公用移动通信基站是无线电台站的一种形式，它是指在一定的无线电覆盖区中，通过移动通信交换中心与移动电话终端之间进行信息传递的无线电收发信电台。

基站主设备是指基站收发信机。

基站收发信机可被看作一个无线调制解调器，负责移动信号的接收、发送处理。一般情况下，在某个区域内，多个子基站的收发台相互组成一个蜂窝状的网络，通过控制收发台相互传送和接收之间的信号，来实现移动通信信号的传送，这个范围内的地区也就是我们常说的网络覆盖面。如果没有收发台，就不可能完成手机信号的发送和接收。基站收发信机不能覆盖的地区也就是手机信号的盲区。所以基站收发信机发射和接收信号的范围直接关系到网络信号的有无以及手机是否能在这个区域内正常使用。

基站收发信机在基站控制器的控制下，完成有线与无线信道之间的转换。收发台可对每个用户的无线信号进行解码和发送。

2G（以 GSM 系统为例）基站主要设备为 BTS 与 BSC。

BTS（Base Transceiver Station，即基站收发信机）完全由 BSC 控制，主要负责无线传输，完成无线与有线的转换、无线分集、无线信道加密、跳频等功能。

BTS 包括的功能单元有：收发信机无线接口（TRI）、收发信机子系统（TRS）。其中 TRS 包括收发信机组（TG）、本地维护。

TRI 具有交换功能，它可使 BSC 和 TG 之间的连接变得灵活；TRS 包括基站的所有无线设备；TG 包括连接到一个发射天线的所有无线设备；LMT 是操作维护功能的用户接口，它可直接连接到收发信机。

发信机子系统包括基站所有无线设备，它主要有收发信机组和本地维护终端。

一个收发信机组是由多个收发信机组成的，并连接同一发射天线。

在 GSM 基站设备的开发上，各公司都推出了系列化的基站产品，从宏蜂窝的室内 / 室外型基站到微蜂窝的室内 / 室外型基站以及各种微微蜂窝基站产品，有些厂商还推出了远端 TRX 形式的设备以达到具有丰富灵活的 GSM 无线网络组网方案，该方案能够满足不同国家移动网络运营商的不同需求，并提供全面的无线网络解决方案。各厂家的室外型基站设备设计思路相同，都是在各自室内型设备的基础上改造而成的，并增加适应恶劣环境所需的电源系统和环境调节及防护系统。从容量上可分为小容量和大容量两种，典型的载频数为 2TRX 和 6TRX。随着 DCS1800 频段的使用，单机柜载频数也开始出现 4TRX、8TRX 和 12TRX。

BSC（Base Station Controller，基站控制器）具有对一个或多个 BTS 进行控制的功能，它主要负责无线网路资源的管理、小区配置数据管理、功率控制、定位和切换等，它是一个很强的业务控制点。由上述可知，BSC 不是在每一个基站内都设有的，所以相对于 BTS 来说，并不常见。

由 BSC 和 BTS 一起，共同组成了无线基站子系统。BSS 系统是在一定的无线覆盖区中由 MSC 控制，与 MS 进行通信的系统设备，它主要负责完成无线发送接收和无线资源管理等功能。功能实体可分为 BSC 和 BTS。

GSM 系统网络拓扑如图 3-11 所示。

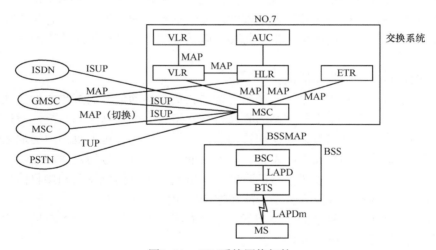

图3-11 GSM系统网络拓扑

3G（以 TD-SCDMA 系统为例）基站的主设备有 Node B 和 RNC。

Node B：Node B 是 3G 移动基站的称呼，它是通过标准的 Iub 接口与 RNC 互连，通过 Uu 接口与 UE 进行通信，它主要完成 Uu 接口物理层协议和 Iub 接口协议的处理。Node B 主要由控制子系统、传输子系统、射频子系统、中频 / 基带子系统、天馈子系统等部分组成。

Node B 在实际工程应用中由 BBU+RRU 组成。

RNC（Radio Network Controller，无线网络控制器）：它是第三代 (3G) 无线网络中的主要网元，是接入网络的组成部分，负责移动性管理、呼叫处理、链路管理和移交机制。

第三代移动通信网络（3G）中的通用地面无线接入网（Universal Terrestrial Radio Access Network，UTRAN）由基站控制器和基站组成，所以 RNC 是 UTRAN 的交换和控制元素。RNC 作为 3G 网络的一个关键网元，它主要用于管理和控制它下面的多个基站。RNC 的整个功能分为无线资源管理功能和控制功能。无线资源管理功能主要用于保持无线传播的稳定性和无线连接的服务质量；控制功能包含与所有和无线承载建立、保持和释放相关的功能。

NC 与 RNC 之间通过标准的 Iur 接口互连，RNC 与核心网通过 Iu 接口互连。RNC 主要完成连接建立与断开、切换、宏分集合并、无线资源管理控制等功能。

无线网络控制器的高级任务包括以下几点：

① 管理用于传输用户数据的无线接入载波；

② 管理和优化无线网络资源；

③ 移动性控制；

④ 无线链路维护。

无线网络控制器具有组帧分配（framing distribution）与选择、加密、解密、错误检查、监视及状态查询等功能。

第三代移动通信网络（3G）中的通用地面无线接入网由基站控制器和基站（Node B）组成，所以 RNS 也被称为无线网络子系统，其包含基站控制器和基站，它们之间的接口是 Iur 接口。

3G 系统网络拓扑如图 3-12 所示。

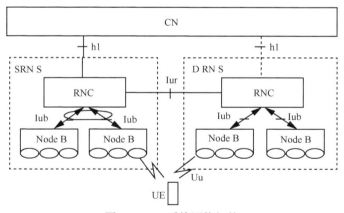

图3-12　3G系统网络拓扑

4G（以 TD-LTE 系统为例）基站的主要设备有 eNodeB。

eNodeB（Evolved Node B，演进型 Node B）简称 eNB，它是 LTE 中基站的名称，相比现有 3G 中的 Node B，eNB 集成了部分 RNC 的功能，减少了通信时协议的层次。

eNB 的功能包括：RRM 功能、IP 头压缩及用户数据流加密、UE 附着时的 MME 选择、寻呼信息的调度传输、广播信息的调度传输以及设置和提供 eNB 的测量等。

LTE-SAE（Long Term Evolution-System Architecture Evolution，长期演进—系统体系结构演进）系统包括 E-UTRAN 和 EPC。eNodeB 在无线网络中的位置如图 3-13 所示。

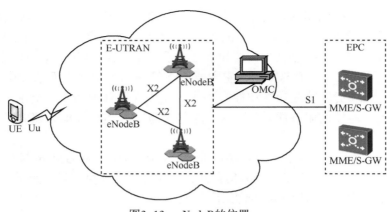

图3-13　eNodeB的位置

如图 3-13 所示，eNodeB 是 LTE-SAE 系统的接入设备，由一个或多个 eNodeB 组成一个 E-UTRAN。eNodeB 通过 Uu 接口与 UE 通信、通过 X2 接口与其他 eNodeB 通信、通过 S1 接口与 EPC 通信。

eNodeB 的主要功能包括以下几点：

① 无线资源管理，包括无线承载控制、无线准入控制、连接移动性控制和资源调度；

② 数据包的压缩加密；

③ 用户面数据包到 S-GW 的路由；

④ MME 选择；

⑤ 广播消息、寻呼消息等的调度和发送；

⑥ 测量以及测量报告配置。

eNodeB 主要由 BBU、RRU 和天、馈系统组成，其功能子系统包括控制系统、传输系统、监控系统、基带系统、射频系统及天、馈系统和电源系统。

eNodeB 逻辑结构如图 3-14 所示。

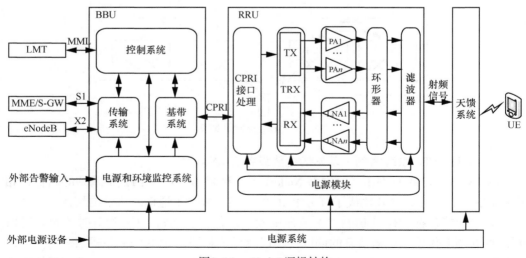

图3-14　eNodeB逻辑结构

BBU 采用模块化设计，其包括 4 个子系统：控制系统、传输系统、基带系统、电源和环境监控系统。

射频系统完成射频信号和基带信号的调制解调、数据处理、合分路等功能。

电源系统通过外部电源设备获取电源，并为 eNodeB 的各个系统供电。

天、馈系统包括天线、馈线、跳线和 RCU（Remote Control Unit，自动容测单元）等设备，用于接收和发射射频信号。

4G（TD-LTE）系统网络拓扑如图 3-15 所示。

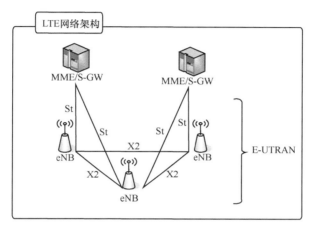

图3-15　4G系统网络拓扑

3.3.2　基站主设备的安装规范

基站安装的设备种类较多，但基本可分为柜式安装和壁挂式安装两类。

设备安装的方法及质量要求

1. 确定安装机柜地面位置

设备安装位置应符合设计平面要求。如设计位置不合理需要更改时，应执行"设计变更控制"或按照由建设方（随工）、监理和施工三方签认的书面图纸进行更改，事后应报设计院，完成设计变更。

确定机柜的位置有以下几种做法。

① 按照工程设计图纸上机柜距墙的距离划垂直交叉线，此线就是机柜长边和宽边的放置位置。

② 按照工程设计图纸上机柜宽边距墙的位置划出与列走线架的平行线，此线是机柜宽的安装位置，机柜长边的位置由主组走线架来确定，因为主机柜是后面板加固，且加固铁垂直于主走线架；与机柜后长边齐平，使用吊锤延主走线架边吊出两点，划出与主走线架的平行线即为机柜长边的位置，此方法优于第一种方法，应为机柜的加固铁始终垂直于地面，布线后机房整体效果较好。

③ 壁挂式设备：如交流配电箱、DDF 架、地线排等，墙上安装设备配件时要使用水平仪，水平仪的使用有两次，第一次由设备底边中心点划出底边距地面高度平行线，这就是

设备底边安装的确定位置；第二次当膨胀螺丝连接设备被紧固时，水平仪放置在设备上平面作为螺丝紧固的调整标准。

④ 我们一般按馈线最短原则来确定主设备的安装位置，同时预留安装设备的位置，一般主设备被安装在第 1 列主走线架上，第 2 列主走线架被预留出设备的安装位置，开关电源、传输设备被安装在第 3 列走线架上，设备安装位置从右到左，右齐平，第 1 列走线架布放信号线，第 2 列走线架布放电源线。

第 1 列主走线架的位置确定于馈线洞的位置，馈线洞的位置确定于室外馈线最短距离的位置（衰减最小，经济），馈线洞位置的确定还要根据业主的要求，一般不能邻街或在显著的位置，蓄电池安装的位置一般在靠梁、短梁、墙墙相会的位置。

2. 机架安装要求

① 机架的垂直度应 ≤ 0.1%。

② 新立机架与相邻机架的正面应平齐，无凹凸现象，直线误差不大于 5mm，架间缝隙不大于 3mm。

③ 机架应做抗震加固，并符合《通信设备安装抗震设计暂行规定》和设计要求。

④ MOTO 设备应按要求在架底垫上专用的绝缘垫片与地面绝缘，防止多点接地。

⑤ 机架上各种零部件不得受损，漆面如有脱落应予补漆，安装结束后应清洁机架外表面。

⑥ 按要求组装 IDF 架（MOTO 设备），安装后的 IDF 架的内部件凸出面应与同列机架齐平。

3. 确定留空位置

在地面确定机框位置后，按机框放置方位和机柜固定孔的尺寸确定预留位置，用记号笔标识出孔位的中心点。

4. 开预留孔

机架上固定的孔经一般为 12 mm，一般使用横截面积为 10 m×10 mm 的固定螺杆，冲击钻头用 12 mm，孔深 80 mm，孔位尽量与地面垂直。

设备安装的主要工具是冲击钻，设备安装技术工人使用它的主要技能有：开始使用冲击钻时要慢速在水泥板上开出凹孔，再快速垂直开出孔管，要点是垂直使用，保证这些技术动作完成需要很大的力量，尤其是使用固定速度档在走线架上（铁件）钻孔时，技术工人若没有足够的力量及工作经验是无法完成的（这项技能是技术工人的主要指标）。冲击钻的使用要点是垂直和定深，定深就是确定开孔的深度，标配的固定螺杆有横截面积为 10 m×10 mm 和 12 m×10 mm 两种，都是 10 mm 长，而机房现有地板的厚度只有 10 cm，为不打穿地板或在安装膨胀螺杆时，螺杆旋进时会挤压剩余地板，导致地板压裂，因此孔洞的进深为 6～8 mm，膨胀螺杆在水泥地的进深通常为 5～6 cm，不能超过此限度。

5. 安装膨胀螺杆

技术工人将规格 M12 的膨胀螺栓和螺管垂直放入孔中，用铁锤直接敲打螺栓直到螺管全部进入地面为止，然后使用扳手拧紧螺栓上的螺母，直到膨胀螺栓完全固定为止，最后把螺母拧下来。

6. 机架就位

将机柜抬到螺栓的位置，施工人员依次套上膨胀螺栓、绝缘垫片、平垫圈、弹簧垫圈，并用 M12 的螺母拧紧。

7. 机架在走线架上加固

机柜就位后要做适当调整水平与垂直的方向，一般使用铁片加塞在机柜着地点较低的边和角上，使机柜垂直倾角小于 5℃，最后在膨胀螺杆上加装垫片，拧紧螺帽，至此机架固定完毕。（机柜垂直度小于 3mm, 通信机架的抗震烈度为 8 级）对于与走线架垂直面没有合适加固空的机柜（如开关电源）可使用 T 型角铁加固。

8. 标签

所有新安装的设备都必须带有明显的标签，标签应正确、整齐、牢固，最好要贴满一圈，贴的时候用直尺或水平尺作标准，其他人能在一个方向上看清标签上的全部文字。

3.4　任务 4：基站电源设备安装

3.4.1　基站电源类别的介绍

作为通信系统的"心脏"，通信电源在通信局（站）中具有无可比拟的重要地位。它包含的内容非常广泛，不但包含 48V 直流组合通信电源系统，而且包括 DC/DC 二次模块电源、UPS 不间断电源和通信用蓄电池等。通信电源的核心基本一致，都是以功率电子为基础，通过稳定的控制环设计，再加上必要的外部监控，最终实现能量的转换和过程的监控。通信设备需要电源设备提供直流供电。

通信局（站）的电源系统由交流供电系统、直流供电系统和接地系统组成，如图 3-16 所示。

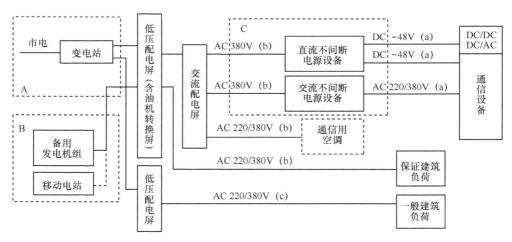

A 不间断　B 可短时间中断　C 允许中断

图3-16　通信电源系统

（1）交流供电系统

交流供电系统是由主用交流电源、备用交流电源、高压开关柜、电力降压变压器、低压配电屏、低压电容器屏、交流调压稳压设备和连接馈线组成的供电总体。

主用交流电源均采用市电供电。为防止市电中断，将油机发电机等设备作为备用交流电源。大中型通信局采用 10kV 高压市电，经电力变压器将其降为 380V/220V 低压后，再供给整流器、不间断电源设备（UPS）、通信设备、空调设备和建筑用电设备等。小型通信局（站）则一般采用低压市电供电。

（2）直流供电系统

在通信局（站）中，一般把电力公司的交流供电及发电油机产生的交流电源作为通信电源的输入端，再通过整流器将电源整流后向各通信设备输出直流电源，通信设备使用的电源称为直流电源。整流设备、直流配电设备、蓄电池组、直流变换器、机架电源设备和相关的配电线路组成的总体称为直流供电系统。

目前高频开关整流器在技术上已相当成熟，其具有小型、轻量、高效、高功率因数和高可靠性等优点，高频开关整流器机架的输出功率大，机架上装有监控模块，并与计算机相结合组成智能型电源设备。

阀控式密封铅酸蓄电池是一种在使用过程中无酸雾排出，不会污染环境和腐蚀设备，可以和通信设备安装在一起的电池。阀控式密封铅酸蓄电池平时维护比较简便，体积较小，立放或卧放时都能工作，蓄电池组可以积木式安装，能节省空间。

（3）接地系统

为了使各电器设备的零电位点与地有良好的电气连接，由埋入地下并直接与大地接触的金属接地体（或钢筋混凝土建筑物基础组成的地网）引至各电器设备零电位部位的一切装置组成接地系统，即有接地体、接地引入线、接地汇流排（线）和接地线组成。通信电源系统按照接地系统的用途可分为工作接地、保护接地和防雷接地。按照安装方式可分为分设的接地系统和合设的接地系统。

3.4.2 电源设备及线缆安装要求

1. 基站电源设备安装要求

基站电源系统由交流配电箱（屏）、开关电源（含交流配电单元、整流模块、监控模块、直流配电单元等）和蓄电池组（或蓄电池组 + 固定发电机组）组成。

（1）安装环境检查

① 基站电源系统工程使用的器件及材料安装环境应保持干燥、少尘、通风，严禁出现渗水、滴漏、结露等现象。

② 建筑物楼内电源系统和防雷接地设施应满足工程设计的要求。

③ 基站电源系统工程防火要求应满足 YD5002—2005《邮电建筑设计防火规范》的要求。

④ 基站电源系统工程应满足国家通信行业标准，YD5039—97《通信工程建设环境保护技术规定》的要求。

（2）市电引入

通信运营商建设基站时，如果基站市电引入 10kV 高压架空引线，就应设有专用的变压器。变压器高压输入电缆采用铠装电缆，要求长度 ≥ 200m，铠装电缆两端应就近接地。

当基站引入 380V/220V 交流电源时，室外交流供电线路宜采用套钢或铠装直埋地的方式，埋地长度要求在 15m 以上，钢管或铠装电缆两端钢带应就近接地。

郊区、高山基站交流电缆应采用水泥包封直埋方式进行敷设。敷设要求如下。

① 电缆在室外直接埋地敷设的深度：人行道下不应小于 0.7m，车行道下不应小于 0.8m。

② 敷设时，应在电缆上面、下面各均匀敷设 100mm 厚的软土或细沙层，再铺混凝土、石板或砖等保护材料，保护板应超出电缆两侧各 40mm。

③ 电缆穿过下水道时需穿钢管保护，穿管的内径不应小于电缆外径的 1.4 倍。

2. 交流配电箱（屏）的安装要求

① 设备安装位置应符合施工图纸的设计规定，其偏差不大于 10mm。

② 安装的设备，附件的型号、规格应符合施工图纸的设计要求。

③ 设备结构应无变形，表面无损伤，指示仪表、按键和旋钮、机内部件无碰损、无卡阻、无脱落、无损坏。

④ 开关应运转灵活、接触牢靠、无电弧击伤。

⑤ 部件组装要稳固、整齐一致、接线正确无误。

⑥ 机架与部件接地线要安装牢固；防雷地线与机框保护地线安装要符合设计要求。

3. 开关电源的安装要求

① 设备安装位置应符合施工图纸设计的规定，其偏差不大于 10mm。

② 安装的设备，附件的型号、规格应符合施工图纸设计的要求。

③ 设备结构应无变形，表面无损伤，指示仪表、按键和旋钮、机内部件无碰损、无卡阻、无脱落、无损坏。

④ 开关应运转灵活、接触牢靠、无电弧击伤。

⑤ 部件组装要稳固、整齐一致、接线正确无误。

⑥ 机架与部件接地线要安装牢固。防雷地线与机框保护地线安装要符合设计要求。

⑦ 在需要抗震的地区，按设计图纸要求，机架安装应采取抗震措施。设计地震烈度为 8 度及以上的局站，机架还应与房屋柱体连接牢固。

4. 蓄电池组的安装要求

（1）电池架安装要求如下。

① 电池架排列位置应符合设计图纸的规定，偏差不大于 10mm。

② 有螺栓、螺母、螺钉紧固。

③ 电池铁架安装后，各个组装螺栓、螺母及漆面脱落处都应补喷防腐漆。铁架与地面加固处的膨胀螺栓要事先进行防腐处理。

④ 在抗震的地区需按设计要求安装，蓄电池架应采取抗震措施加固。

（2）电池安装要求如下。

① 安装的电池型号、规格、数量应符合设计图纸的规定，并有合格证及产品说明书。磷酸铁锂电池的 BMS 等配件是否齐全，并附有合格证、铭牌标贴及产品说明书。

② 蓄电池无变形、裂纹、漏液、污迹，上盖、端子和标识胶无物理损坏，标识胶极性正确，一般红色为正极，蓝色或黑色为负极。

③ 电池各列要排放整齐，前后位置、间距适当，符合施工图纸的要求。电池的底部四角均匀着力，如不平整应用油毡垫实。

④ 电池间连接、电池与充电设备连接、电池与监控器连接以及温度补偿连接必须紧固。

⑤ 蓄电池使用的环境应干燥、清洁、通风，不能有大量红外线辐射和有机溶剂腐蚀气体，避免阳光直射，取暖器或空调通风孔不应直对蓄电池。

⑥ 电池体安装在铁架上时，应垫缓冲胶垫，使之牢固可靠。

5. 固定发电机组的安装要求

① 发电机组的型号、规格、零部件应符合设计要求。

② 发电机组不得有损坏、变形、受潮或缺少零部件的情况。

（1）机组就位

① 发电机组应安装在坚固平整的地方（如硬质地面、水泥地面、混凝土基础），机组底部加装减震垫，并使用地脚安装螺栓，以防机组移动。

② 在抗震地区，应按设计要求对机组采取抗震措施加固。

（2）进风系统

① 宜采用自然进风方式，进风口应选择在通风较好的地方。

② 进风通道的方向应尽可能与设备方向保持一致。

（3）排风系统

① 出风口应选择通风较好的地方，排出的热风应对周围环境无影响。

② 墙体外排风口处应安装防雨罩（含防鼠网）。

（4）排烟系统

① 排烟管应平直、弯头少、管距短。

② 排烟管水平伸向室外时，靠近机器侧应高于外伸侧，其坡度为 0.5%，离地高度应符合设计规定。

③ 排烟口不能直对易燃物或建筑物，应安装丝网护罩。

（5）燃油系统

① 外置燃油箱容量应小于 1000L，宜采用不锈钢材质或钢材。

② 固定敷设的输油管应采用黑铁管、钢管或铜管，严禁使用镀锌管。

③ 外置燃油箱到机组供油管之间必须安装电磁阀，机组故障时切断供油管路。

④ 输油管终端与发电机组之间的燃油管必须采用软连接。

⑤ 燃油系统应密封良好无泄露。

（6）接地

发电机组（油机控制屏）、外置燃油箱（燃油系统管路）等设备的金属外壳均应接地。

6. 基站线缆安装要求

电缆走线要求如下。

① 电源线、地线、信号线缆的走线应符合设计文件的要求。

② 各种电缆分开布放，电缆的走向清晰、顺直，相互间不要交叉，捆扎牢固，松紧适度。

③ 机柜间电缆、连接其他设备的电缆应牢固地捆扎在走线架上。

④ 在走线架内，电源线和其他非屏蔽电缆平行走线的间距大于 100mm。

⑤ 在墙面、地板下布线时应安装线槽。

线缆绑扎要求如下。

① 电缆必须绑扎，绑扎后的电缆应互相紧密靠拢，外观平直整齐。电缆表面形成的

平面高度差不超过 5mm，电缆表面形成的垂度差不超过 5mm。

② 机柜外的馈线，离开机柜及馈线窗 1m 以外不允许有交叉，1m 以内允许交叉，但不得缠绕和扭绞。

③ 线扣规格合适。电缆束的截面越大，所用线扣越长越宽（确保能够承受较大拉力），尽量避免线扣的串联使用，线扣串联使用时最多不超过两根。

④ 线缆固定在走线架横铁上，线扣间距均匀美观，确保线缆不松动，间距与走线架间隔一致，通常为 300 ～ 700mm。

⑤ 多余线扣应剪除，所有线扣必须齐根剪平不拉尖，室外采用黑色扎带。

⑥ 电源线（包括地线）与信号线分列在走线架的两侧。

⑦ 线缆表面清洁，无施工记号，护套绝缘层无破损。

线缆连接要求如下。

① 线缆剖头不应伤及芯线。

② 在剖头处套上合适的套管或缠绕绝缘胶带，颜色与线缆尽量保持一致（黄绿色保护线除外）。

③ 同类线缆剖头长度、套管或缠绕绝缘胶带的长度尽量保持一致，偏差不超过 5mm。

④ 焊线不得出现活头、假焊、漏焊、错焊、混线等情况，芯线与端子紧密贴合。焊点不带尖、无瘤形，不得烫伤芯线绝缘层，露铜小于等于 2mm。

⑤ 各种电缆连接正确，整齐美观。

⑥ 线缆与铜排连接时，需将铜排表面打磨以去除氧化层。

线缆制作要求如下。

① 电源线、接地线应用整段线料，不得在电缆中间做接头或焊点。线径与设计容量相符，布放路由符合设计文件的要求，多余长度应裁剪。

② 电源线、接地线端子型号和线缆直径相符，芯线剪切齐整，不得剪除部分芯线后用小号压线端子压接。

③ 电源线、接地线压接应牢固，芯线在端子不可摇动。

④ 电源线、接地线接线端子压接部分应加热缩套管或至少缠绕两层绝缘胶带，不得将裸线和铜鼻子鼻身露于外部。

⑤ 根据 YD/T 1173—2001《通信电源用阻燃耐火软电缆》的规定，直流电源线正极应采用红色电缆，负极应采用蓝色电缆，设备工作地线应采用黑色电缆，设备保护地线应采用黄绿色电缆。

⑥ 电池组的连线正确可靠，接线柱处加绝缘防护。

线缆布放要求如下。

① 电源线与电源分配柜接线端子连接，必须采用铜鼻子与接线端子连接，并且用螺丝加固，接触要良好。

② 电源线与机柜输入接线端子连接，连接可靠，接触要良好。

③ 电源线弯曲时，弯曲半径应符合规定。铠装电力电缆的弯曲半径不得小于外径的 12 倍，塑包线和胶皮电缆不得小于其外径的 6 倍。

④ 当电源线及地线接至电源接线端子时，应用工具钳拧出走线形状，走线应平直、绑扎整齐。连线时，连线较远的接线端子所连电线应布放于外侧；连线较近的接线端子所

连的电线应布放于内侧。

⑤ 在架内走线时，电缆应分开绑扎，不得与其他电缆混扎在一起，电缆在走线槽或地沟等架外走线时也应分别绑扎。电源线及地线应从机柜两侧固定架的内部穿过，并被绑扎于固定架外侧内沿。线扣应位于固定架外侧。

⑥ 电源接线铜鼻贴面应与机柜接线板平滑、紧密地接触，电源线进机柜方式应与走线方式一致，即上走线电源应接在机柜上部，下走线电源应接在机柜下部。

其他要求如下。

① 地排上的接地铜线端子应采用铜鼻子，用螺母紧固搭接；地线各连接处应实行可靠搭接和防锈、防腐蚀处理。

② 所有连接到汇接铜排的地线长度在满足布线基本要求的基础上选择最短路由。

▶▶ 3.5 任务 5：基站传输设备安装

3.5.1 传输系统简介

传输系统在通信中，通常是指把电信号由一个地方传递到另一个地方所用的通信设备的总称。它是提供各种通信电路的物质基础。

传输系统的分类如下。

① 按传输的媒介分，传输系统分为有线传输系统和无线传输系统两大类。

② 按所传送信号的特点分，传输系统可分为模拟信号传输系统和数字信号传输系统。

在电信网中，通信终端设备与交换中心之间、交换中心相互之间都需要传输系统的连接。两通信点之间具体采用哪种传输系统要根据所传送的业务种类、业务量、自然环境、在用的现有设备等具体情况，并做经济分析后确定。

现今的基站中主要用到的是有线传输系统。

3.5.2 基站工程对传输系统的需求

基站对传输系统的需求主要集中在传输带宽这个问题上。用户对传输速率的要求越来越高，而更高的传输速率对无线基站所需要的传输系统的带宽要求也越高。

下面我们以 TD-LTE 系统基站为例，简单介绍基站对传输带宽的需求及计算方法。

1. TD-LTE 的网络架构简介

TD-LTE 网络与 2G/3G 网络的架构完全不同，它去掉了 BSC/RNC 这个网络设备，只保留了 E-NodeB 网元，目的是简化网络架构并降低时延。RNC 功能被分散到了 E-NodeB 和接入网关（aGW）中。LTE 网络架构功能如图 3-17 所示。

E-NodeB 与 SGW 之间的接口被称为 S1 接口。S1 接口也分为用户平面和控制平面。其中用户平面接口 S1-U 将连接 eNB 和 SGW，用于传送用户数据和相应的用户平面控制帧。而控制平面接口 S1-MME 则将相连 eNB 和 MME，其主要完成 S1 接口的无线接入承载控制、接口专用的操作维护等功能。

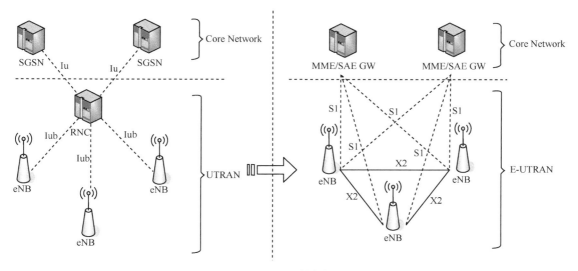

图3-17 LTE网络架构功能

E-NodeB 之间通过 X2 接口互相连接，形成了 Mesh 型网络，这是 LTE 相对原来的传统移动通信网的重大变化。X2 接口也分为用户平面和控制平面。X2 用户平面接口 X2-U 在 E-NodeB 之间的 IP 传输层上，采用面向非连接的 UDP 进行用户数据的传输，在 UDP 之上承载 GTP-U 协议，即采用了和 S1 接口相同的用户平面机制。X2 控制平面接口 X2-C 的协议结构底层也采用了 SCTP over IP 的机制，保证信令的可靠传输。

2. 传输带宽计算方法

（1）峰值传输带宽计算

我们根据 TD-LTE 的网络架构可以看到，E-NodeB 基站的总传输带宽需求包括 S1 用户平面的业务数据带宽需求、S1 控制平面的信令传输带宽需求、X2 用户平面的业务数据带宽需求和 X2 控制平面的信令传输带宽需求。

具体计算公式如下。

E-NodeB 总带宽需求 =（S1 用户平面带宽需求 +X2 用户平面带宽需求）× 扇区数 + S1 控制平面带宽需求 + X2 控制平面带宽需求 + 其他开销带宽。

从上面的公式可知，我们要计算基站的峰值传输带宽，需要计算单小区的峰值速率。目前，单小区峰值速率计算有两种方法。

方法一是采用单时隙承载的比特数进行计算。

方法二是采用最大 TBsize 的方式进行计算。

实际规划建设传输网络时，为了保证传输网络的经济效益，一般不按照峰值传输带宽进行传输网络的建设，而是按照一定的方式来计算基站的保证带宽需求。

（2）保证传输带宽计算

在实际网络中，由于无线传播环境的差异以及用户分布位置不同等原因，用户终端不可能都按照峰值速率工作。如果按照峰值传输带宽进行传输网络的建设将会造成很大的传输资源浪费。我们为了保证传输网络的经济效益，一般按照一定的方式来计算基站的保证带宽需求，按照保证带宽需求进行传输网络的规划建设。

保证带宽的计算采用多种方式，我们可以根据峰值带宽按照一定的收敛比计算，也可以按照峰值和平均值进行配比计算，还可以根据网络仿真进行估算。

① 根据峰值带宽按照一定的收敛比计算

根据峰值带宽按照一定的收敛比进行计算的方法是在实际配置传输接口时，考虑不同的收敛比进行计算。

在实际带宽需求大的场景下应设置较小的收敛比，甚至是不设置收敛比；在实际带宽需求较小的场景下可以设置较大的收敛比。

② 按照峰值和平均值进行配比计算

按照峰值和平均值进行配比计算的方法是在实际配置传输接口时根据平均值和峰值配比进行计算。

（3）根据网络仿真进行估算

根据网络仿真进行估算的方法是在一定的网络建设条件下，考虑相应的业务需求，利用仿真工具对 TD-LTE 网络进行仿真，得到网络中每个基站上下行的平均吞吐量，考虑一定的传输倍增系数，再加上相应的控制平面带宽需求，从而得到该 TD-LTE 网络中基站实际所需要的带宽。

由于不同 TD-LTE 网络的仿真条件不一样，而且不同的仿真工具的算法也不一样，仿真得到的结果就不一样。

根据 TD-LTE 的网络结构，我们给出了 TD-LTE 基站的峰值传输带宽的计算方法，然后在峰值传输带宽的基础上，给出了两种保证带宽的计算方法，对 TD-LTE 基站的传输带宽需求进行了分析。

我们可以看到，三种保证带宽的计算方法所计算出来的结果相差较大，在实际网络建设中，基站的保证带宽究竟按照多少进行配置，基站工程对传输系统的需求等，还需要通过严谨的论证和设计，并最终进行测试和验证。

3.5.3　传输系统的线缆布放要求

① 交流电缆、直流电缆、信号线在机房内不宜同架、同槽敷设。无法避免同架长距离并行敷设时应采取屏蔽措施。

② 馈线的布放位置、加固方式应符合工程设计要求，同时应避免斜走线、交叉、空中飞线、扭曲、裂损等情况。

③ 馈线布放时应采用喉箍、扎带和馈线卡等方式进行固定，应安装牢固、横平竖直、均匀稳定。馈线垂直敷设时相邻两固定点间的距离宜为 0.5～1m，水平敷设时宜为 1～1.5m。

④ 馈线布放应做到走线美观，美化基站的馈线宜进行隐蔽处理。

⑤ 室外馈线进入室内时应做防水弯，防水弯半径应大于馈线规定的最小转弯半径，馈线打弯处宜低于馈线窗下沿 0.1～0.2m。

⑥ 室外光缆、电缆和馈线应铺设于室外走线架上，并保证可靠接地。对于不具备室外走线架安装条件的天面和塔桅，应安装保护套管。

⑦ 馈线走线入室应由上到下依次分层排列，整齐有序。馈线进线窗口应采用馈线窗，馈线安装完毕后应对孔洞进行严密封堵。

⑧ 馈线不应沿建筑物避雷带和避雷地线捆扎布放。

⑨ 馈线应避免与消防管道及强电高压管道同路由布放。

线缆的布放应符合下列规定。

① 线缆的长度不应超过 100m。

② 电缆走道上的电调控制线和其他线缆应分开布放。

③ 线缆应顺直、整齐，应避免线缆交叉纠缠，按顺序下线。

④ 线缆在电缆走道的第一根横铁上均应绑扎，绑扎线扣松紧适度。

⑤ 线缆拐弯应均匀、圆滑一致，其弯曲半径不小于 60mm。

⑥ 线缆两端应有明确的标志。

⑦ 电源线和信号线的布放应符合现行行业标准 YD 5079—2005《通信电源设备安装工程验收规范》和现行国家标准 GB 50217—2016《电力工程电缆设计规范》。

⑧ 接线端子的规格、材料应与电源线相吻合。接线端子的焊接或压接应牢固、端正。

⑨ 电源 SPD 的引接线和地线应布放整齐，走线应短直，并固定牢靠。

3.5.4　传输系统的设备安装流程

传输系统设备安装流程可分为前期准备工作、技术和安全交底、施工程序、施工要求等部分。

1. 设备安装工程前期准备

（1）设计图纸审核

项目负责人应组织参加施工的技术人员认真审阅施工设计图纸，掌握工程的全部施工内容和设计要求，对照施工现场实际条件，对施工图纸的设计说明、技术方案、工程数量等内容进行详细校核。

（2）现场调查

工程开工前，项目部必须派技术人员对施工现场的环境及条件进行勘察，主要包括以下内容：

① 机房内部的装修工作是否全部完工；机房防静电地板上表面距水泥地面的高度；室内温湿度是否符合设计要求；

② 机房电源情况是否满足施工安装及设备供电需求；

③ 地面、墙壁、顶棚等处的预留空洞、预埋件等的规格、尺寸、位置、数量等是否符合施工图纸设计要求；

④ 机房俯视平面布置情况；

⑤ 机房周边的物资运输路径以及与工程有关的其他情况。

（3）设备开箱报验

① 设备开箱验货工作应在监理主持下，邀请业主主管工程师，会同设备供应商代表共同对到达施工现场的设备和主要材料进行开箱清点和外观检查。

② 清点内容：设备及材料的型号、规格、数量应符合订货合同清单及设计要求，保存清点清单。

2. 技术交底和安全交底

项目部应对施工人员进行技术交底和安全措施交底。

① 根据项目特点、施工条件、作业环境，由项目安全质量负责人主持，安全、质量

工程师编制安全管理措施和质量控制措施以及环境保护措施。

② 对照设计图纸及现场情况，根据客运专线通信施工规范和作业指南，由项目技术负责人主持，专业工程师分工编制各通信子系统设备安装的作业指导书和技术交底。

③ 由专业工程师对传输接入系统所有参建施工人员进行集中技术交底或现场技术交底，并对其进行相关施工注意事项的培训，最终形成记录、存档。

④ 由安全质量工程师对全体人员进行安全管理措施、质量控制措施和环境保护措施的集中交底或现场交底，并形成记录、存档。

3. 施工程序与工艺流程

施工程序：现场环境调查→设备安装→设备单机调试→设备系统调试。

施工流程

硬件施工流程如图 3-18 所示。

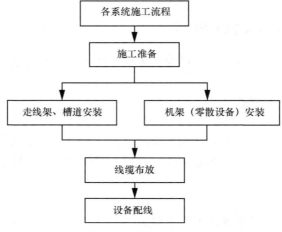

图3-18　硬件施工流程

传输、交换、数调、数据网、视频、动力环境监控、会议电视、应急通信、同步时钟系统调试流程如图 3-19 所示。

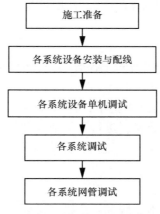

图3-19 设备开通调试流程

4. 施工要求

（1）走线架安装

走线架安装应包括光、电缆走线架、吊架、爬架及骨列架等，安装位置、走向、固定安装和组装方式应符合设计规定。

① 安装骨列架前应详细丈量机械室四周的尺寸并核对地面水平，双排列架以机械室中心线为基准线，单排列架以设计图纸的主走道平行线为基准线，校核列架的位置。

② 进线室中心的设备排列以及相互间的距离应符合施工图的实测规定，列架布置应符合相关规定。

③ 立柱高度应与该处地面机架高度相适应，立柱应垂直于地面，其倾斜偏差应小于立柱全长的 1‰。

④ 进线室内有光、电缆往楼下敷设时，垂直走线架位置应与楼板孔相适应，穿墙走线架位置应与洞孔相适应。

⑤ 组装光、电缆走线架时应做到：支铁垂直不晃动，边铁、横铁平直且相互垂直。

⑥ 水平走线架水平每米偏差不应大于 2mm；垂直走线架垂直偏差不应大于 3mm。

⑦ 进线室内连接左、右两侧大列铁架的过桥走线槽，其两端应与大走线槽内边的边铁平齐。

⑧ 安装沿墙单边或双边光、电缆走线架时，墙上埋设的支持物应牢固可靠，沿水平方向的间隔距离应均匀。

⑨ 走线架距离下方设备机架一般不应小于 15cm，以满足设备散热条件和线缆布放、维护工作的需求。

（2）机架安装

① 机架安装位置应符合机房平面设计要求。

② 机架安装应垂直，机面上下端倾斜偏差应不大于机架高度的 2‰。

③ 两机架应靠紧，同一列机架应平齐无明显参差，相邻机架应在机架上方用连接板进行连接，机架间的缝隙不应大于 1mm。

④ 根据机房的不同种类，设备机架的安装分为在有防静电地板的机房内安装和在水泥地面的机房内安装两种情况。

⑤ 安装光纤配线架（Optical Distribution Frame，ODF）、数字配线架（Digital Distribution Frame，DDF）、综合配线架等各类配线架时，在满足上述机架安装要求外，要注意 ODF 或 DDF 端子板布置应符合设计要求，各种标志、标识应正确齐全，各类子框、子架的安装位置应正确、牢固、统一，并满足线缆布放和卡接工作的需求。

⑥ 安装设备机架内的子框、板件应在佩带防静电手环的条件下进行。安装时，应严格按照各类设备的安装手册要求，并在硬件督导的指导下进行。

⑦ 在机房面积允许的条件下，应单列设置电源设备机架。如受机房面积限制，各类设备同列安装时，一般应按照蓄电池及电源机架、配线及传输、数据机架、无线设备机架的顺序布放。

（3）零散设备的安装

① 零散设备根据用途不同可分为采集设备和控制设备。

② 采集设备主要包括动力环境监控的水浸、门禁、温度、湿度、红外、空调控制、

电池检测等采集器及视频监控的室内监控摄像机。安装这类设备时应在机房的主要设备基本安装完毕后，根据设计意图及业主要求，合理选择安装位置，具体原则如下。

a）水浸设备应安装在靠近窗口、空调和有可能有水侵入机房部位的地面上。

b）门禁设备应安装在机房出入口的门框及门体上，保证可以有效检测门的开关状态。

c）温湿度设备安装位置应充分考虑机房整体温湿度的情况，避免将设备安装在空调直对的墙上以及太阳直接照射的位置，且应按照机房面积大小均匀布置。

d）红外设备应安装在窗口上方以及机房出入口侧方的墙壁上，注意，红外探测设备安装方向应以设备自身要求为准。

e）空调控制、电池检测设备根据机房监控空调及电池设备情况按照各监控厂商设备自身要求在督导指导下安装。

f）监控厂商设备在技术人员的督导、指导下安装。

g）室内监控摄像机的安装方式分为吊顶式安装和壁挂式安装。安装位置应选取能够监控到全局的制高点，如受机房条件所限，安装位置应优先考虑监控设备指示灯状态及机房出入口的状态。

③ 控制设备主要包括动力环境监控及视频监控设备的主控机柜、机箱。动力环境监控系统包括网络交换机、卡线模块、视频交换机、编解码器、服务器、存储设备、光电转化器等机柜安装方式参考机架安装；注意应在安装机柜前按照设计图纸及设备厂商要求，针对机柜内设备的摆放位置预先定位、调平安装好托盘以便相关设备机柜的安装。机箱安装方式为壁挂式，按照设计图纸位置安装。安装高度以方便操作人员查看和检修设备为原则，一般以机箱中部距离地面 1.3 ～ 1.5 m 为宜。

▶▶ 3.6 任务 6：基站防雷接地

3.6.1 认识雷电

雷电是一种放电现象。产生雷电的条件是雷雨云中有积累并形成极性。根据不同的地形及气象条件，雷电一般可分为热雷电、锋雷电（热锋雷电与冷锋雷电）、地形雷电三大类；按照危害的角度，雷电可分为直击雷、电磁脉冲、球形雷、云闪四种。其中直击雷和球形雷都会危害人和建筑，而雷电产生的电磁脉冲主要影响电子设备，主要是受感应作用所致；云闪发生在两块云之间或一块云的两边，所以对人类的危害最小。直击雷的云体上聚集了很多电荷，大量的电荷要找到一个通道来泄放，有时是一个建筑物，有时是一个铁塔，有时是空旷地方的一个人，所以这些人或物体都变成电荷泄放的一个通道。直击雷是威力最大的雷电，而球形雷的威力比直击雷小。

3.6.2 雷电对通信系统的危害

雷电的特征是电流幅值大，有时可以达到数十千安甚至数百千安，并且冲击性强，流陡度较大等。这些特征都决定了雷电具有较强的破坏性，雷电具有电、热和机械性质等多方面的破坏作用，可能引起电力通信系统发生火灾、爆炸、设备毁坏等严重情况。雷电对于通信自动化系统的危害具体如下。

1. 直击雷的危害

直击雷是指带电云层与地面的距离达到一定的程度时，会与地面目标产生强烈的放电现象。直击雷的作用过程包含先导放电、主放电和余光三个阶段。绝大部分的直击雷属于重复放电类型，一般都有三个以上的冲击数。当直击雷直接作用于通信自动化系统时，有可能严重损害设备，直击雷击中人员、建筑物或其他电力线路都会引起严重的后果，危害性极大。

2. 感应雷的危害

感应雷是由直击雷引起的雷击，它的感应电流产生于导体，电流沿着导体传播，严重损坏连接于导体的设备或器件，一般分为静电和电磁感应雷两种。通信自动化系统将集成电路作为基础设备，并通过金属导线连接集成电路，集成电路的数量较多，再加上各种电力电缆要与外界相连，因此，感应雷更加容易侵入。感应雷容易对微电子电路产生较强的冲击，造成各种设备故障，有些故障让我们联想不到是感应雷引起的，其冲击性和破坏力虽然不如直击雷，但是其损害的部位是自动化系统的核心部位，严重影响设备的安全性和正常使用。由直击雷所引起的感应雷，通常可存在于直击雷作用范围的 1000 米内，并且受电力通信自动化系统的各种设备、机房以及长距离的电力电缆的影响，感应雷的电磁脉冲可以更广泛地传播，对于电力通信系统来说，感应雷的危害频率远高于直击雷，并且其危害的部位、器件更加重要。

3. 球形雷的危害

雷电放电时会伴有红、橙、白或其他颜色的光火球，作为一种特殊的带电气体，球形雷一旦遇到物体就会发生爆炸。如果通信自动化系统遇上球形雷就会遭受致命的打击，但是这种雷电危害发生频率较低。

3.6.3　基站防雷接地要求

1. 一般规定

① 通信基站的防雷应根据地网的雷电冲击半径、浪涌电流的就近疏导分流、站内线缆的屏蔽接地、电源线和信号线的雷电过电压保护等因素，选择技术、经济比较合理的方案。

② 通信基站的地网设计应根据基站构筑物的类型、地理位置、周边环境、地质气候条件、土壤组成、土壤电阻率等因素设计。地网周边边界应根据基站所处的地理环境与地形等因素确定其形状。

③ 通信基站的防雷与接地应从整体的概念出发，并将基站内的几个孤立的子系统设备集成一个整体的通信系统，该通信系统全面衡量基站的防雷接地问题。

④ 通信基站的雷击风险评估、雷电过电压保护、SPD 最大通流容量应根据年雷暴日、海拔高度、环境因素、建筑物的类型、供电方式及所在地的电压稳定度等因素确定，且应确保各级 SPD 协调配合。

⑤ 通信基站必须采用联合接地系统。

⑥ 安装在民用建筑物上的通信基站应确保建筑物内的供电系统安全。

2. 接地体

① 接地体埋深（接地体上端距地面的距离）不宜小于 0.7m。在寒冷地区，接地体应埋设在冻土层以下。土壤较薄的石山或碎石多岩地区可根据具体情况决定接地体的埋深距

离，在雨水冲刷下接地体不应暴露于地表。

② 垂直接地体宜采用长度不小于 2.5m（特殊情况下可根据埋设地网的土质及地理情况决定垂直接地体的长度）的热镀锌钢材、铜材、铜包钢等接地体。垂直接地体的间距不宜小于 5m，具体数量可以根据地网大小、地理环境确定。地网四角的连接处应埋设垂直接地体。

③ 在土壤电阻率高的地区，地网的接地电阻值难以满足要求时，可设置辐射型接地体，也可采用液状长效降阻剂、接地棒以及外引接地方式。当城市环境不允许采用常规接地方式时，可采用接地棒接地的方式。水平接地体应采用热镀锌扁钢。水平接地体应与垂直接地体焊接联通。接地体采用热镀锌钢材时，其规格应符合下列规定。

a）钢管的壁厚不应小于 3.5mm。

b）角钢的规格型号不应小于 50mm×50mm×5mm。

c）扁钢的规格型号不应小于 40mm×4mm。

d）圆钢直径不应小于 10mm。

④ 接地体采用铜包钢、镀铜钢棒和镀铜圆钢时，其直径不应小于 10mm。镀铜钢棒和镀铜圆钢的镀层厚度不应小于 0.254mm。

⑤ 除混凝土中的接地体之间的焊接点外，其他接地体之间的焊接点均应进行防腐处理。

⑥ 接地装置的焊接采用扁钢时，不应小于其宽度的 2 倍；采用圆钢时不应小于其直径的 10 倍。

3. 接地引入线

① 接地引入线应作防腐处理。

② 接地引入线宜采用横截面积为 40mm×4mm 或 50mm×5mm 的热镀锌扁钢或截面积不小于 95 mm² 的多股铜线，且长度不宜超过 30m。

③ 接地引入线不宜与暖气管同渠布放，埋设时应避开污水管道和水沟，且其出土部位应有防机械损伤的保护措施和绝缘防腐处理。

④ 与接地汇集线连接的接地引入线应从地网两侧就近引入。

⑤ 布放接地引入线的应避免将建筑物钢筋作为雷电引下线的柱子引入。当利用建筑物楼柱钢筋引下线时，应选取建筑物内墙的全程连通的钢筋。

⑥ 接地引入线与地网的连接点还应避开接闪杆、接闪带引下线及铁塔塔脚，其间距应大于 5m，条件允许时，宜取 10～15m。

4. 接地汇流线

① 机房内宜采用环形接地汇流线。总接地汇流线应通过接地引入线与地网的环形接地体单点连接。总接地汇流线应设在配电箱和第一级电源 SPD 附近以供交流配电箱、埋地电力电缆金属铠装层或钢管以及第一级电源 SPD 的接地。

② 总接地汇流线宜采用排状，并在机架上方走线架的附近挂墙安装绝缘材料，材料为铜材，截面积不小于 95 mm²。接地汇集线可采用环形或线形的方式，并在机架上方沿走线架布设。

③ 接地汇集线是设备与总接地汇流排相连时的过渡母线或母排，可按需设置。接地汇集线的安装位置应在设备密集的区域，以方便各设备的就近接地。

④ 为便于馈线等在机房入口处的接地，应在机房入口处设置馈窗接地汇流排。馈窗

接地汇流排和总接地汇流排在地网上的引接点应根据实际情况尽量相隔一定的距离（一般情况下应不小于 5 m）。出于防盗等的需要，馈窗接地汇流排也可以被设置在馈窗口的室内侧，但必须确保馈窗接地汇流排与包括走线架在内的其他金属体和墙体绝缘。

⑤ 接地汇集线与接地线采用不同金属材料互连时，应防止电化腐蚀。

5. 接地线

① 基站内的各类接地线的截面积应根据最大故障电流和机械强度选择。

② 一般设备（机架）的接地线应使用截面积不小于 16 mm² 的多股铜线。

③ 光缆金属加强芯和金属护层应在分线盒内可靠接地，并将截面积不小于 16 mm² 的多股铜线引到总接地汇集线上。光传输机架设备或子架的接地线应使用截面积不小于 10 mm² 的多股铜线。

④ 基站智能动环监控单元（FSU）、数据采集器、光端机、BBU 等小型设备的接地线在单独安装时，应采用截面积不小于 4 mm² 的多股铜线，当被安装在开放式机架内时，应采用截面积不小于 2.5 mm² 的多股铜线，这些铜线被连接到本机架的接地汇集线上，然后再用 16 mm² 的多股铜线将机架接地汇集线连接到室内总接地汇流排上。

⑤ 接地线中严禁加装开关或熔断器。

⑥ 接地线布放时应尽量短直，多余的线缆应截断，严禁盘绕。

⑦ 应确保接地线两端的连接点的电气接触良好。

⑧ 接地汇集线引出的接地线应被设有明显标志。

3.6.4　基站接地系统制作

1. 通信基站的联合接地系统

① 通信基站地网应由机房地网、铁塔地网或者由机房地网、铁塔地网和变压器地网组成。基站地网应充分利用机房建筑的基础（含地桩）、铁塔基础在内的主钢筋和地下的其他金属设施，并将其作为接地体的一部分。电力变压器被设置在机房内时，应与机房共用地网；当铁塔建于机房屋顶时，铁塔地网与机房地网合为一个地网。

② 机房地网由机房基础接地体（含地桩）和外围环形接地体组成。环形接地体应沿机房建筑物散水点外敷设（与机房外墙之间的水平距离为 1 m），并与机房基础接地体横竖梁内两根以上的主钢筋焊接连通。机房基础接地体有地桩时，应将地桩主钢筋与环形接地体焊接连通。

③ 室外机柜等基础金属构件较少时，接地体应被设置在围绕室外机柜 3 m 处的封闭环形（矩形）处。

④ 土壤电阻率较高的地区宜敷设多根辐射型水平接地体（简称辐射型接地体，下同）。在碎石多岩地区，接地体的外形也可根据地形设置。环形接地体每边长通常为 10 ～ 20 m。辐射型接地体的长度为 20 ～ 30 m，其走向是联合地网向外辐射的方向，它也可在铁塔地网上敷设，在辐射型接地体终端附加垂直接地体。

⑤ 铁塔地网组成。

a）角钢塔：铁塔地网应采用横截面积 40 mm×4 mm 的热镀锌扁钢，将铁塔 4 个塔脚地基内的金属构件焊接连通，铁塔地网的网格尺寸不应大于 3 m×3 m。铁塔地网的环形接地体宜沿距铁塔外围水平距离 1 m 处的环形铺设。

b）通信管塔（或杆塔）：通信管塔（或杆塔，下同）的地网应围绕管塔 3 m 处设置封闭环形（矩形）接地体，并与通信管塔地基钢板的四角焊接连通。管塔地网的环形接地体宜沿距管塔外围水平距离 1 m 处铺设。

c）变压器地网的组成：当电力变压器设置在机房外，且距机房地网边缘 30 m 以内时，变压器地网与机房地网或铁塔地网之间，应每隔 3～5 m 便相互焊接连通一次（至少有两处连通），以组成一个周边封闭的地网。

d）当地网的接地电阻值达不到要求时，可适当扩大地网的面积，即在地网外围增设 1 圈或 2 圈环形接地装置。环形接地装置由水平接地体和垂直接地体组成。水平接地体周边为封闭的，水平接地体与地网宜在同一平面上，环形接地装置与地网之间以及环形接地装置之间应每隔 3～5 m 便相互焊接连通一次；也可在铁塔远离机房侧的塔脚处设置辐射型接地体，其长度宜限制在 10～30 m。环形接地装置的周边可根据地形、地理状况决定其形状。

⑥ 地网形式。

a）铁塔在机房侧方建设的接地网：机房、落地塔（包括角钢塔和钢管塔）、变压器地网相互连通组成一个共用地网。若落地塔设有接闪杆引下线时，其引下线应连接至落地塔地网或环形接地装置远离机房的一侧。机房内的接地引入线应连接至机房环形接地体（或环形接地装置）远离落地塔的一侧。

b）基站使用拉线塔，并设有接闪杆引下线时，其引下线（用塔身作雷电引下线时的塔身）必须连接至机房环形接地体（或环形接地装置）远离机房的一侧，且在途中与其他接地体不得连接并保持一定的间距。

c）基站使用钢管塔时，应在钢管塔的基础上敷设不少于两根辐射型接地体，辐射型接地体应根据周围的地理环境向远离机房的方向敷设。钢管塔的地网应在两侧与机房地网用水平接地体可靠连通。

d）在设计地网时，土壤电阻率较低的区域采用环形接地体即可。而土壤电阻率较高且需引入外接地时，宜将引入的外接地体埋在低电阻率区域或土壤潮湿的区域，同时应注意引入的外接地处与基站地网边缘距离不宜超过 30 m。

⑦ 铁塔侧房地网示意。

a）铁塔建在机房上的地网：铁塔设在基站屋顶时应利用建筑物四根立柱内的钢筋作为雷电流引下线。地网除利用建筑物基础接地体外，还应环绕机房设置环形接地体，并在地网四角设置辐射型接地体（对变压器地网与机房地网相连的基站，辐射型接地体可视情况处理）。若铁塔上设有接闪杆引下线时，该引下线应接入专设的接闪杆接地体，接闪杆接地体宜设在机房某侧环形接地体（或环形接地装置）向外延伸约 10m 远处。馈窗接地汇流排的接地引入线应就近接至机房环形接地体上。

b）铁塔四角包含机房的地网：铁塔四角包含机房是指基站机房建在铁塔四角的塔脚之内，机房通常采用框架结构建筑。机房的基础接地体和铁塔地网应就近互连，并在铁塔四角外设环形接地体，三者共同组成共用地网，接地网的面积应不小于 225 m²。若土壤电阻率大于 700Ω·m 时，应在原地网的基础上增设辐射型接地体。变压器地网与机房地网相连的基站，其辐射型接地体的敷设可根据实际情况处理。当机房设有接闪杆引下线时，其接闪杆接地体的设置、接闪杆引下线的引接方式，以及机房内的接地引入线和馈窗接地汇流排的引接要求不同。

⑧ 塔下房地网示意。

地网宜在不同方向上至少设 2 个测试点，以便于工作人员测量，且要有明显的测试点标志。

2. 非自建机房的接地系统

① 对于利用非自建的建筑物作基站机房时，施工人员要了解原建筑物本身有无防雷设施和防雷设施的类型。原建筑物无防雷设施的，应设置确保原建筑物和基站共同安全的防雷接地系统。原建筑物有防雷设施的，应根据原建筑物防雷设施的类型，设置基站的防雷接地方式，以确保原建筑物和基站的共同安全。

② 建筑物雷电引下线分为以下几类。

a）专用引下线：雷电专用引下线不应少于两根，但周长不超过 25 m 且高度不超过 40 m 的建筑物可只设一根引下线。引下线应沿建筑物四周均匀或对称布置，其间距不应大于 25 m。引下线宜采用圆钢或扁钢，宜优先采用圆钢。圆钢直径不应小于 8 mm。扁钢截面积不应小于 50 mm^2，其厚度不应小于 4 mm。

b）自然引下线：可将混凝土内的钢筋、钢柱作为雷电自然引下线。

3. 利用通信楼作基站的接地系统

① 基站机房设在通信楼内、并使用落地塔时，其铁塔地网与通信楼地网在地下应每隔 3 ～ 5 m 相互焊接连通一次（至少有两处连通），共同组成一个环绕通信楼四周封闭式的地网。若通信楼四周难以在地下敷设接地体时，接地体可走墙根或线槽过渡到可以入地区域再埋地，从而形成沿通信楼四周的封闭环形接地装置。若铁塔上的接闪杆设有引下线时，应将其接至铁塔远离机房一侧的地网。

② 对于天线支撑体被设于通信楼屋顶的，天线支撑体（若有接闪杆引下线应包括引下线）应在不同方向与通信楼接闪带多处焊接连通。

③ 当通信楼的防雷设施采用专用引下线时，天线支撑体（若有接闪杆引下线应包括引下线）及拉线塔的拉线等不能与除接闪带（网）外的其他金属构件（包括建筑物内的钢筋）有电气连接的情况。

④ 当通信楼的防雷设施采用自然引下线时，天线支撑体（若有接闪杆引下线应包括引下线）及拉线塔的拉线等不能与除接闪带（网）及楼顶外围柱子外的其他钢筋有电气连接的情况。

⑤ 基站机房的总接地汇流排的引接应按以下顺序处理。

a）基站的总接地汇流排应首先考虑直接从通信楼机房的总接地汇流排上引接。

b）当上述第一点无法实现时，宜根据通信楼雷电引下线的类型处理。

c）通信楼采用专用引下线，总接地汇流排应就近从地网或专用引下线接近地面处引接。

d）通信楼采用自然引下线。

i. 当基站机房被设于通信楼底层时，总接地汇流排应就近从地网引接。

ii. 当基站机房被设于通信楼顶层时，总接地汇流排宜从屋顶接闪带上引入，但其引接点应与天线支撑体（若有接闪杆引下线应包括引下线）在接闪带上连接点的距离相隔 5m 以上。当利用建筑物楼柱钢筋作为引下线时，应选取建筑物内墙的全程连通的钢筋。

⑥ 基站机房的馈窗接地汇流排的引接按以下原则处理。

a）通信楼采用专用引下线。

ｂ）馈窗接地汇流排应就近从地网或专用引下线接近地面处引接。

ｃ）当无法从地网或专用引下线接近地面处引接馈窗接地汇流排口时，为防止机房内形成直击雷电流的泄放通路，馈窗接地汇流排宜与基站机房的总接地汇流排共用同一接地引入线，或直接接到总接地汇流排上。

⑦ 通信楼采用自然引下线。

ａ）当基站机房被设于通信楼底层时，馈窗接地汇流排应就近从地网引接。

ｂ）当基站机房被设于通信楼顶层时，为防止在机房内形成直击雷电流的泄放通路，馈窗接地汇流排的引入路由应与基站机房的总接地汇流排保持一致，即要么都从楼顶接闪带上引入，要么都从建筑物楼柱钢筋上引入，或直接接到总接地汇流排上。

4. 利用办公楼、大型建筑、居民住宅作基站的接地系统

① 利用办公楼、大型建筑和居民住宅（以下通称商品房）作基站机房时，通常把天线支撑体设于屋顶，基站的防雷接地系统应根据商品房有无防雷设施和原有防雷设施的类型进行设置。

② 无防雷设施的商品房。

ａ）使用无防雷设施的商品房作基站机房时，通常应按专用引下线的方式设置防雷设施。即在商品房的屋顶四周设接闪带，并设专用引下线，接闪带与专用引下线焊接连通。同时围绕商品房在不同方向上设置两个地网，若商品房有基础接地体时，则地网应与基础接地体焊接连通；若商品房无基础接地体或地网无法与基础接地体相连时，应将两地网在地下焊接连通。专用引下线应以最短的途径与地网相连，引下线在地面上方 1.7m 至地下 0.3m 的这段接地线应采用绝缘套管防护。

ｂ）设于商品房屋顶的天线支撑体（若有接闪杆引下线应包括引下线）应在不同方向上与接闪带多处焊接连通。同时，专用引下线、天线支撑体（若有接闪杆引下线应括引下线）及拉线塔的拉线等不能与除接闪带外的其他金属构件（包括建筑物内的钢筋）有电气连接的情况。

ｃ）总接地汇流排和馈窗接地汇流排均应就近从地网或专用引下线接近地面处引接。

③ 商品房的防雷设施采用专用引下线

商品房的防雷设施采用专用引下线时，天线支撑体（若有接闪杆引下线应包括引下线）、总接地汇流排和馈窗接地汇流排的接地引接方式等参见 3.6.4 节中"对无防雷设施的商品房"部分。

④ 商品房的防雷设施采用自然引下线

当商品房的防雷设施采用自然引下线时，天线支撑体（若有接闪杆引下线应包括引下线）、总接地汇流排和馈窗接地汇流排的接地引接方式等参见 3.6.4 节中非自建机房的接地系统的要求执行。

5. 接地电阻

① 通信基站所在区域的土壤电阻率低于 1000 Ω·m 时，基站地网的工频接地电阻宜控制在 10 Ω 以内；当土壤电阻率大于 1000 Ω·m 时，可不对基站的工频接地电阻予以限制，此时地网的等效半径应大于等于 10 m，并在地网四角敷设 20～30 m 的辐射型接地体。

② 地网增设辐射型接地体时，可根据周围的地形环境确定接地体的走向、埋深、长度和根数。

3.6.5　基站防雷接地实施规范

1. 室外工程

① 地网。

a）水平接地体扁钢应垂直铺设在预先挖好的地沟内，遇到地沟内有地下管线使扁钢达不到要求的埋设深度时，扁钢则必须被铺设在其下部。在铺设地网连接线无法避开地下管线的情况时，必须穿戴 PVC 管。

b）垂直接地体在地沟内的打入深度应不小于 2.5m，若地质较硬导致角钢无法打入要求的深度时，安装实施人员可以将角钢的多余部分去除。为了便于焊接，打入的角钢侧面应与垂直布放的扁钢平行。

c）地网接地体之间的连接应采用电焊或气焊，不宜采用螺钉连接或铆接；无法使用电焊或氧焊的，建议使用热熔焊接。

d）应在建筑物散水点以外开挖地网沟，地网沟与建筑物地基的距离应该在 1m 以上；当地网沟穿越围墙、地基、线缆沟或直埋电缆时，应对其采取一定的加固或保护措施。

e）接地体与埋地交流电缆、光缆、传输电缆交越或并行时，接地体与电缆之间的距离应不小于 20cm；与高压埋地电缆交越时，接地体与高压电缆之间的最小距离为 50cm，并行时的最小距离为 100cm。地网沟内不允许并排布放其他进出基站的电缆或信号线路，如不得已要布放时，线缆宜做穿管等屏蔽处理。

f）地网接地体埋设在农田等经常开挖施工的地下时，应被深埋 2m 以下，并在适当位置作明显的标识。

g）垂直接地体使用机械钻孔深埋时，与基站建筑、铁塔、通信管塔等基础设施的距离为 10m 以上，与电力变压器的距离为 15m 以上，与架空高压线的垂直投影距离为 10m 以上。

h）地网施工中会遇到各种入户金属管道，对某些管道内已有电缆、光缆，焊接连通金属管道较难实施时，地方应用其他方法将金属管道与联合地网作良好的电气连通。

i）为保证良好的电气连通，扁钢与扁钢（包括角钢）搭接长度为扁钢宽度的 2 倍，焊接时要做到三面焊接。圆钢与扁钢搭接长度为圆钢直径的 10 倍，焊接时要做到双面焊接。圆钢与建筑物螺纹主钢筋搭接长度为圆钢直径的 10 倍，焊接时要做到双面焊接。

j）地网与建筑物主钢筋焊接连通时，无特殊情况下主钢筋必须是大楼外围各房柱内的外侧主钢筋，并且焊接部位应位于地面以下 30cm 处。

k）新旧地网焊接连通前，应在焊接部位将原有地网表面氧化的部分刮拭干净，地网焊接时焊点不应有假焊、漏焊或夹杂气泡等情况。

l）地网施工中焊接部位，以及从室外联合地网引入室内的接地扁钢应作三层防腐处理，具体操作方式为先涂沥青，然后绕一层麻布，再涂一层沥青。

② 基站的馈线接地排的安装应与室外走线架隔离。馈线接地排与接地引入线的扁钢之间的连接应通过过渡铜铁排连接，过渡排宜固定良好，其高度宜不低于 2.5m，固定螺栓紧固后与过渡铜铁排之间采用点焊的方式。

③ 地埋电力、通信电缆。

a）室外电力电缆、通信电缆采用铠装电缆，在穿钢管埋地进入机房时，地埋路由宜避开暗沟、热力管道、污染地带等。机房内无地槽时，地埋电缆要穿钢管埋地进入。要求地埋电缆离地面的距离不小于 0.7m，钢管及铠皮要做良好接地。

b）电缆埋地时采用外套钢管，钢管与地网的电气连通应良好，钢管两端口要采取防损伤及防水的措施，也可用防火泥等作封堵处理。

c）基站设电力变压器时，变压器侧入地的电力电缆的地面部分应套钢管，钢管应高出地面 1.7m 以上。

④ 开挖、回土及修复路面。

a）室外开挖地沟应保证地沟深度不小于 0.9m，其上部宽度不小于 0.5m，下部宽度不小于 0.4m，并且开挖时应尽量避开污水排放和土壤腐蚀性强的地段。

b）回土时，不得将石块、砖头、垃圾等杂物填入沟内，回土过程中应将填入的土夯填严实，夯填次数不小于三次，土质若干燥，在夯实时应浇水。

c）修复混凝土路面时，混凝土厚度不小于 10cm，表面的粉面厚度为 2cm。

⑤ 新建和修复接闪带。

a）接闪带每隔 1.2m 应设置支撑杆，支撑杆露出墙面部分的高度应不小于 15cm，插入墙内的深度不小于 10cm，插入支撑杆前先将钻孔时产生的粉末清理干净后，再将支撑杆一端涂上沥青，并且支撑杆应尽量保持在同一直线上。

b）圆钢与圆钢搭接的长度应为圆钢直径的 10 倍，并且要求上下搭接，焊接时要求双面焊接。

c）利用建筑物外围垂直立柱内的主钢筋作为接闪带的专用引下线时，两处接闪带引下线的水平距离应不大于 25 m。

d）新建接闪带专用引下线应使用截面积为 40 mm×4 mm 的热镀锌扁钢，使用前应把扁钢整平直，搭接时要符合 3.6.4 节提出的要求。

e）新建接闪带专用引下线固定点的间距应不大于 2m，并保持一定的松紧度。引下线与墙的距离保持 10mm 左右。

f）新建接闪带专用引下线要与联合地网焊接连通，引下线在地面以上 1.7m 与地面以下 0.3m 的段落应穿 PVC 管。

g）所有室外接地系统材料的焊接部位都应作防锈处理，先涂防锈漆，再涂银粉漆。

2. 室内工程

① 电源用交流 SPD 的安装。

a）第一级交流 SPD 宜采用箱式防雷箱，且靠近机房总接地汇流排安装，其接地线就近接到总接地汇流排，电源引线与接地线均不宜超过 1m。

b）模块式 SPD 应尽量安装在被保护设备内。模块式 SPD 和空气断路器一般固定在宽 35mm 的标准导轨上，再将导轨固定在设备内。若无法安装时，可将 SPD 安装在箱内，或使用箱式 SPD，并将其安装在被保护设备附近的墙上或其他地方，通常其电源引线与接地引线均不超过 1m，否则电源引线则采用凯文接线方式连接。

c）SPD 器应以最短、直路径接地，其接地线应避免出现"V"形和"U"形弯，连线的弯曲角度不得小于 90°，且接地线必须绑扎固定好，松紧适中。

d）SPD 安装好后，应检查低压断路器或熔断器与 SPD 的接线是否可靠，要求用手扯动确认可靠后将低压断路器开关推上或接入熔丝，还应查箱式 SPD 的指示灯是否显示正常。

② 设备接地。

a）各设备的保护地线应单独从接地汇集线（或总接地汇流排）上引入。

ｂ）交流零线铜排必须与设备机框绝缘。

ｃ）机房开关电源系统的直流工作地应使用不小于 70 mm² 的多股铜导线单独从接地汇集线（或总接地汇流排）上引入。

ｄ）基站内的各电源设备中若有接零保护的设备则必须将其拆除，并为其新设保护地线。

ｅ）走线架、金属槽道两端应与总接地汇流排可靠连接，接地线缆宜采用横截面积为 35 ～ 95 mm² 的铜导线；走线架、金属槽道连接处两端宜用横截面积为 16 ～ 35 mm² 的铜导线可靠连接，连接线宜短直，连接处要去除绝缘层。

③ 接地线的布放、接地铜排的安装与连接。

ａ）铺设接地线时应平直、拼拢、整齐，不得有急剧弯曲和凹凸不平的现象；在电缆走线槽内、走线架上，以及防静电地板下敷设的接地线，其绑扎间隔应符合设计规定，绑扎线扣整齐，松紧合适，结扣在两条电缆的中心线上，绑扎线在横铁下不交叉，绑扎线头隐藏而不暴露于外侧。

ｂ）在防静电地板下敷设的设备接地线，应尽量敷设在原地板下的各种缆线的下面。在施工条件允许的前提下，接地线尽量做到不与信号线交叉或并排近距离同行。

ｃ）多股接地线与汇流排连接时，必须加装接线端子（铜鼻），接线端子的尺寸应与线径相吻合，接地线与接线端子应使用压接方式，压接强度以用力拉拽不松动为准，并用塑料护管将接线端子的根部做绝缘处理。接线端子与汇流排（汇集线）的接触部分应平整、紧固、无锈蚀、氧化，不同材质接线端子连接时应涂导电胶或凡士林。接线端子安装时，接线端子与铜排接触边的夹角成 90°。

ｄ）一般接地线宜采用外护套为黄绿相间的电缆，接地线与汇流排（汇集线）的连接处有清晰的标识牌。

ｅ）接地线沿墙敷设时应穿 PVC 管。

④ 非同一级电压的电力电缆不得被穿在同一管孔内。

⑤ 走线架、总接地汇流排和接地汇集线固定在墙体或柱子上时，必须牢固、可靠，并与建筑物内的钢筋绝缘。

⑥ 接地汇集线宜采用横截面积不小于 100mm × 5mm 的铜排，从总接地汇流排引接的接地线宜接至接地汇集线中央处的接线孔。当接地汇集线沿走线架铺设时，宜采用线形或环形母线。

⑦ 交流电源线、直流电源线、射频线、地线、传输电缆、控制线等应分开敷设，严禁互相交叉、缠绕或捆扎在同一线束内；同时，所有的接地线缆应避免与电源线、光缆等其他线缆近距离并排敷设。

3.7　任务 7：基站工程验收及竣工文件制作

3.7.1　基站工程验收规范

1. 基站整体建设流程

基站整体建设流程如图 3–20 所示。

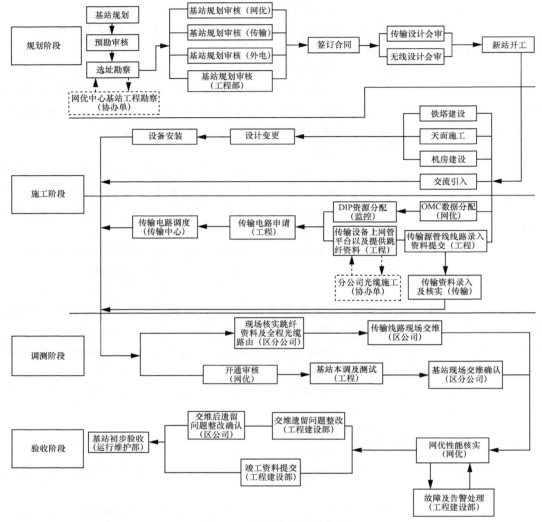

图3-20 基站整体建设流程

其中，验收阶段是工程投产运营前的最后一个阶段，它决定了工程是否严格按照国家、运营商的相关设计标准，是否能够投入生产的重要环节。

2. 基站的整体验收流程及相关要求

① 传输资料整理及提交录入。

② 开通审核：检查基站 BSC（GSM 基站）或者 RNC（TD-SCDMA 基站）归属是否正确，避免基站在错误的归属情况下入网，影响网络运行。

③ 基站本调及测试：验证基站是否具备正式开通条件。

④ 现场核实跳纤资料及全程光缆路由：确保跳纤资料的准确性；确保传输线路实际路由和电子图纸一致。

⑤ 传输线路现场交维：核实传输线路是否满足维护的基本要求。

⑥ 基站现场交维确认：核实基站现场是否满足维护的基本要求。

⑦ 网优性能核实：保障新入网的基站网络指标正常。

⑧ 故障及告警处理：保障入网前基站各项运行指标正常。

⑨ 交维遗留问题整改：确保基站设备安装施工质量符合验收工艺要求。

⑩ 交维后遗留问题整改确认：核实整改落实情况。

⑪ 竣工资料提交：为初验做好资料准备。

⑫ 基站初步验收：核查施工工艺、性能指标达标、竣工资料，并进行工程的初步验收（初验）。

3. 基站验收规范

基站机房内外设备众多，从专业角度可以分为传输专业、电源专业、线路专业、防雷及接地、照明专业、土建专业等。限于篇幅，本小节重点讲述主设备的验收规范。

（1）基站室内无线设备验收规范

1）室内走线架、走线槽（管）

① 必须按照设计文件的"无线基站走线架布置平面图"布放走线架，并且要求走线架牢固、平稳。竖立的走线架必须垂直，平放的走线架必须水平，无扭曲和歪斜现象。走线架高度不能低于 1.9 m。

② 走线架经过梁、柱时，就近与梁、柱加固。在走线架上相邻的固定点之间的距离不能大于 2 m。

③ 为了不阻碍机架里空气与外界的对流，机架顶与走线架的距离必须大于 200 mm；同时为了方便在走线架上布放电缆，要求走线架与机房顶的净空距离大于 300 mm。

④ 走线架间必须有良好的短接并与室内保护地进行连接。

⑤ 走线架穿过楼板或墙洞时在电缆敷设完毕后应有防火封堵。

⑥ 无线机柜需用支架或走线梯进行固定，固定支架位于机柜的右侧 (扩容站根据实际需求安装)。

⑦ 走线槽：走线槽的布放要牢固、美观。切割走线槽时，切口要垂直整齐。走线槽的两端须安装盖子。

⑧ 走线管：要求所有的走线管整齐、美观，其转弯处要使用转弯接头连接。

2）无线机架

① 机架固定：机架的安装位置符合设计文件的要求，并且安装垂直、牢固。无线机架和整流器机架之间需要保留一定的距离。

② 机架抗震加固：无线机架的抗震加固包括在条件允许的情况下，需进行机架顶部加固、机架底座加固和机架间加固、机架后面与墙加固。要求依照设计图纸作防震加固处理。

③ 机架间的电缆。

a）信号线：所有的信号线都要放入走线架 / 槽中，走线应保持顺畅，不能有交叉和空中飞线的现象。多余长度的连线也要放入走线架 / 槽中，不能盘放在机架内或机架顶上。

b）馈线：当馈线需要弯曲时，要求弯曲角保持圆滑，其弯曲曲率半径不能小于以下规定，具体见表 3-1。

表3-1　馈线弯曲曲率半径规定

线　径	二次弯曲的半径	一次性弯曲的半径
1/2″	200mm	125mm
7/8″	500mm	250mm

c）电源线：连到无线机架的电源线要求布放整齐，不能有交叉现象，更不能和其他信号线捆扎在一起。

d）光纤线：光纤应布放在光纤走线管中，两端不能拉得过紧。所有与设备相连的线缆要求接触良好，不能有松动的现象，接头位置不能有受力现象，最好能留出冗余位置方便日后再走线。对于无线设备地线的安装走线，建议不与电源线捆扎在一起，以提高安全性，如果有条件，线能与其他线（电源线、信号线）分开走线，以提高设备的稳定性。

e）对于走线架上的电源线、信号线、传输线的布放必须做到三线分离，规范布放。

④ 机柜内部电缆要求：整齐、美观，多余的线应按顺序放入机架中的线槽中，并加以绑扎，连线两端的接头接触良好，不得有松动现象。

⑤ 机架内的设备单元安装：要求所有的设备单元安装正确、牢固，无损伤、掉漆的现象。安装数量符合设计文件的规定，无设备单元的空位应装有盖板。

⑥ 标签要求机柜上必须有机柜标签及小区标签，机架内部和机架之间的所有连线、插头两端都贴有标签，并注明该连线的起始点和终止点。馈线和 1/2 天线跳线两端都贴有标签，并注明馈线及跳线的收发及所属小区和编号。

3）配线架（DDF 架）

① DDF 架固定要求：固定在墙上，其安装位置符合设计规定，并且加有盖板。DDF 架必须接地，应用 25 mm^2 的接地电缆从 DDF 架的接地点连到机房的母地线上，要求连接点接触良好。

② 告警线安装：从无线机架到 DDF 架的告警线应放入走线槽中，连线要求整齐、美观，并留有一定的余度，告警线的屏蔽层必须接地。

③ PCM 线安装。

a）PCM 附件的安装要求：按厂家规范标准将 PCM 固定板安装在 DDF 架中，并且牢固。PCM 接头要求电气性能良好，阻抗匹配。

b）PCM 线的安装：从传输设备到 DDF 架的 PCM 线必须放入走线槽中，并留有一定的冗余度，PCM 线的屏蔽层接地良好。

④ 标签：DDF 架上的 PCM 线、告警线、地线都要贴有标签，注明该连线的起始点和终止点。每对告警线所代表的告警内容要被注明在 DDF 架盖板背后的标签纸上。

⑤ 所有的 DDF 架要求垂直安装，PCM 接头位置要求按照从上到下（按编号）的顺序安装。

（2）基站室外天馈线的验收规范

① 天线安装。

a）天线必须牢固地安装在支撑杆上，其高度和位置符合设计文件的规定。

b）天线与跳线的接头应作防水处理。

c）天线安装距离应大于的标准见表 3-2。

表3-2　天线安装距离标准

GSM900M全向	GSM900定向	DCS1800M全向	DCS1800M定向
天线于铁塔铁体间距	0.6m	0.6m	0.6m
同一扇区天线水平间距	3m	1.5m	
不同扇区天线水平间距	1m	1m	

d）采用空间分集接收方式的天线系统的分集接收距离必须符合要求。

② 天线的指向和俯仰角：对于全向型天线，要求垂直安装；对于方向型天线，其指向和俯仰角要符合设计文件的规定。

③ 天线的安装环境：天线主瓣方向的附近应无金属物件或楼房阻挡。

④ 天线的支撑件：要求楼面负荷满足要求。铁塔、铁杆、天线横担结实牢固，铁杆要垂直，横担要水平。所有的铁件材料都应作防氧化处理。

⑤ VSWR：机柜的输入口测量整个天馈系统的驻波比，该驻波比应满足厂家设备要求，但应小于 1.5dB。

（3）电源设备的验收规范

① 要求采用供电质量符合标准的三相交流电源输入基站，火线（铜芯线）的横截面积大于等于 25 mm²，零线的横截面积大于等于 16 mm²。零线不能经过开关、熔器、继电器等设备。布线被要求固定于走线梯或线槽中，走线美观、整齐。电源线进入基站应有滴水湾，且避免雨水进入基站。

② 若使用的电缆线比较长，且使用了钢缆线，钢缆线必须就近保护接地。

③ 甲方（房屋业主）配电房内的空气开关和交流电度表都必须有明显标识，并且是独立的。

④ 甲方（房屋业主）配电房内的交流电缆必须布放整齐，且不要与其他电缆挨在一起，不要共用一个穿墙孔洞。

（4）交流配电设备

① 要求交流设备单元按设计所定的位置安装固定，并且必须接地（接到室内地线排）。

② 要有防雷装置，其额定通流量应有 40 kA，且接地良好。

③ 要求所有的开关都贴上标签，并注明所供电的设备、机柜，并且交流配电箱的前挡板及背面必须贴有该站的交流电缆引入路由图、甲方（房屋业主）配电房内工作人员的姓名、联系电话。

④ 接线接头牢固。

（5）整流器

① 整流器的数量及位置要符合设计规定，安装要牢固。在没有整流模块的地方必须加装空模块面板。

② 要求所有的开关都贴上标签，注明所供电的设备、机柜。电源电缆上注明正负极性。

③ 工作接地、保护接地要接地良好。

（6）直流电缆

对于无线机柜，其直流供电电缆的横截面积要求符合设计要求。布线要固定在走线梯上，并与信号线分开走线。

（7）熔丝开关

所有对无线机柜供电的直流开关要符合设计的技术要求，不能采用过大或过小的其他熔丝开关代替。

（8）电池安装

① 机房地板的负荷必须满足要求，电池安装位置与设计一致。有槽钢的承重的基站，槽钢必须涂防锈漆。

② 各节电池之间及电池与电池线的接点必须连接牢固（验收时必须单个在现场紧固）；每组电池都安装有盖板。

③ 不允许不同容量、不同型号、不同厂家的电池混合使用；也不允许新旧电池混合使用。

④ 从整流机架的蓄电池熔丝单元到电池的直流电缆要固定走线，电池线的横截面积符合设计要求。

⑤ 应紧固电池连接。

（9）接头接线

连接牢固、不松动。接触面要符合要求。

（10）设备外观

要求各个设备单元外观完整清洁，没有机械损伤缺陷。

基站内交直流电源箱、各类开关柜上无告警、无硬件故障，设备运行正常。

（11）基站传输设备的验收规范

1）传输混合箱

① 进入光缆、尾纤及 PCM 线要布放整齐，接头接线要牢固。PCM 线必须被放入走线槽中，并留有一定的冗余度，PCM 线的屏蔽层要接地良好。

② PCM 线要挂牌或贴有标签（标签要牢固），在混合箱面板背后的标签纸上要注明该连线的起始点和终止点。

③ PCM 接头位置要求按照从上到下（按编号）的顺序安装。

④ 基站传输设备必须接地良好，使用横截面积为 $4\,\mathrm{mm}^2$ 以上铜质电缆且布线整齐。

2）光端机

① 输入、输出线布放整齐，接头接线要牢固。

② –48V 引入端必须接入整流器第二级低压断路所提供的空气开关上。

③ 光端机正面上应用标签标明对端方向、纤芯号、电口分配情况。

④ 光纤引入钢绞线应在室外最近接头盒处接地。光纤引入线应尽量不与交流引入线共路由。

3.7.2 基站工程竣工文件介绍

工程档案资料是工程建设的重要组成部分，是项目建设、管理、运行、维护、改建、扩建等工作的重要依据，也是落实工程质量终身责任制的重要凭证。

工程竣工资料一般包含以下内容，具体见表3-3。

表3-3

序号	目录	备注
1	营业执照	有效年检范围内，副本复印件并加盖公章（红章）
2	资质证书	
3	工程概况	
4	施工组织设计及技术交底报审表	包含安全内容

（续表）

序号	目录	备注
5	工程开工报告	
6	工程停（复）工报告	
7	洽谈记录	
8	变更通知单	无变更时应填写"无"，并盖章确认
9	随工检查签证	附对应专业现场签证表格
10	质量事故报告及处理记录	
11	隐蔽工程验收记录	若无隐蔽工程，可不放此表格
12	完工报告	
13	工程总结	
14	工程量总表	
15	已安装设备（主材）明细表——甲供	
16	已安装设备（材料）明细表——乙供	若无乙供设备材料，可不放此表
17	测试记录目录	按验收标准测试，附测试记录
18	竣工图纸目录	附竣工图并加盖竣工图章
19	设备合格证、装箱单、材料检验、安装手册、操作使用说明书等随机文件材料目录	根据实际情况填写，粘贴相关证明文件，无目录时应填写"无"
20	工程余料移交明细表	
21	竣工验收证书	

以上目录（文件）按工程项目选用

3.7.3　基站工程竣工文件制作规范与要求

备注。

① 本小节相关格式较多，相关报告、文件的字体要求、报告说明等均按照实际工程要求进行讲解，其中标注加粗的字体是整个竣工文件制作中需要重点关注的地方。

② 本小节根据 3.7.2 节讲述的竣工文件制作内容，一一讲解竣工文件的要求和规范。

竣工文件制作规范与要求。

1. 营业执照

要求：将彩色复印公司的营业执照粘贴在此处。要求公司的营业执照必须在有效年检范围内，副本复印件并加盖公章（红章）。

2. 资质证书

要求：将彩色复印公司的相关资质证书粘贴在此处。

3. 工程概况

工 程 概 况

工程名称	该项目工程全的称	建设地点	按设计图纸的地点填写
工程主管部门	填写建设单位的全称+网络发展部	负责人	网络发展部负责人
建设单位	填写建设单位的全称	负责人	建设单位项目负责人
监理单位	填写监理单位的全称	负责人	监理单位项目负责人
设计单位	填写设计单位的全称	负责人	设计单位项目负责人
施工单位	填写施工单位的全称	负责人	施工单位项目负责人

工程概况：

在开工前，简单扼要地描述工程内容，要求至少包括工程目标、工程内容和规模、工程分工、计划开工时间、计划竣工时间等。其中工程目标应包括工程的建设目的、计划达到的技术指标或解决的问题；工程内容和规模应包括需建设的主要设备型号、软件版本和本工程计划采用的新设备、新技术、新版本软件的简要说明，以及相应的建设规模、投资、新增或扩容的容量、处理能力、覆盖地区等内容；工程分工应包括各设计、监理、施工单位在本工程内的核心工作内容，以及本工程与上级公司和各级地市公司间的分工说明。

填表人：亲笔签名   日期：验收前

施工组织设计及技术交底报审表

工程名称：该项目工程的全称

<table>
<tr><td colspan="2">致：＿＿＿＿＿＿＿＿＿＿＿＿＿＿＿＿＿＿＿＿＿（填写建设单位）
＿＿＿＿＿＿＿＿＿＿＿＿＿＿＿＿＿＿＿＿＿（填写监理单位）
现呈报：＿＿＿＿＿＿＿＿＿＿＿＿＿＿＿＿＿（填写工程名称）的施工组织设计及技术交底。
请予审批。
附件：1.施工组织设计
　　　2.技术交底

　　　　　　　　　　　　　　　　　　施工单位（章）：盖章
　　　　　　　　　　　　　　　　　　项目经理：亲笔签名
　　　　　　　　　　　　　　　　　　日　　期：开工前</td></tr>
<tr><td>监理单位意见：
　"同意"或"不同意"
[要求手写]

监理工程师：亲笔签名
总监理工程师：亲笔签名
日期：开工前　盖章：</td><td>建设单位意见：
　"同意"或"不同意"
[要求手写]

项目负责人：亲笔签名
日期：开工前　盖章：</td></tr>
</table>

附注：本表一式三份，建设方、监理方、施工方各一份。

附件1

工程名称：该项目工程的全称

施 工 组 织 设 计

编　　制：施工单位编制人（亲笔签名）
审　　核：施工单位专业负责人（亲笔签名）
复　　核：施工单位技术负责人（亲笔签名）
批　　准：施工单位项目经理（亲笔签名）
编制日期：开工前
编 制 单 位：施工单位全称（加盖施工单位公章）

注：施工组织设计见附页。施工组织设计应包含但不限于以下内容：在开工前完成，由主要工程承接单位编写，详细描述工程目标和概况、实施方案、组织架构、工器具配置、进度保证措施、质量保证措施、安全保证措施、项目实施和进度计划、工程应急方案、项目负责人通讯录等内容。

施 工 组 织 设 计

1. 工程目标和概况

2. 实施方案

2.1　组织架构：（绘画组织机构图、列明各人员职责、设置专职安全员、联系方式）

2.2　进度保证措施（建议编制内容：工程进度计划、工程实施控制措施、工程实施难点分析与处理、工程实施偏差分析与处理、项目实施偏差检查、突发事件的应对）

2.3　质量保证措施（建议编制内容：质量管理控制目标、质量保证体系、施工质量保证措施等）

3. 安全保证措施

① 安全生产机构：施工单位针对工程项目的安全组织机构、安全员姓名、联系方式。

② 针对本工程项目的安全方案（建议编制内容：安全指导思想、人员职责、安全控制流程、安全文明施工措施、安全、文明事故的处理、安全事故的报告程序、安全事故的处理程序、安全生产责任追究和处罚等）。重点说明针对项目特点的安全生产需重视的措施和事故报告程序（程序要有相关联系人的联系方式，含建设单位联系人）。

③ 工程应急方案（安全事故应对机制）（建议编制内容：应急预案的编制原则、应急预案的编制依据、应急预案针对的可能发生的事故事件、应急划定区域、应急预案组织、应急救援措施及方法、应急预案措施的演练、事故处置等）

4. 其他措施

根据实际情况，认为有必要增加的其他措施。

5. 工器具配置

6. 项目负责人通讯录及相关证件的复印件（如安全员证及特种作业证等，加盖公章）

附件2

技 术 交 底

工程名称：该项目工程的全称

施工详细地点	按设计图纸的地点填写
施工项目部位	分项、分部、单位工程
承接施工单位	填写施工单位全称

技术交底内容：

填写本分项、分部、单位工程的技术特点、重点和难点，以及施工方案的简单描述。如果是对整个工程的技术交底，可写整个工程的名称。同时说明安全生产的要求、特殊处理措施、具体施工技术规范、建设单位的流程等。

承接人：施工单位人员亲笔签名	交底单位:设计单位或建设单位
	交底人： 亲笔签名
日期：开工前　　　　　　签章：红章	日期：开工前　　　　　　签章：红章

工 程 开 工 报 告

工程名称: 该项目工程的全称

建设单位	填写建设单位的全称				
施工单位	填写承接单位的全称				
施工地址	河北省××市××县××				
施工委托书（许可证）号		填写施工合同编号			
项目经理\施工员\质量员		施工单位项目经理			
计划开工日期		计划完工日期		合同期	合同工期

主要工程内容：
具体见设计文件，把设计文件中的主要工程量填到这里。

工程准备情况或存在的主要问题：
本工程涉及的工程材料、人员安排、仪表器具等已准备完成，建设地点的施工条件具备、工程设备到位后，可立即进场施工。根据施工计划，本工程拟派遣施工人员约_____人。

提前或推迟开工的原因：

本工程将于　年　月　日正式开工，特此报告。

施工单位（签章）：施工单位的全称并盖章
日期：（开工前）

监理单位意见（签章） 同意/不同意（手写） 总监理工程师：亲笔签名 日期：（开工前）	建设单位意见（签章） 同意/不同意（手写） 项目负责人：亲笔签名 日期：（开工前）

工 程 停 (复) 工 报 告

工程名称: 该项目工程的全称

建设单位	填写建设单位的全称				
施工单位	填写施工单位的全称				
施工详细地址	按实际地址填写				
项目经理\施工员\质量员		施工单位项目经理			
计划停(复) 工日期		实际停(复) 工日期		影响 工期	
停(复)工主要原因: 按实际情况填写,若没有停（复）工,填写"无"。					
拟采取措施和建议: 按实际情况填写,若没有停（复）工,填写"无"。					
本工程已于　 年　月　日停(复)工,特此报告。 施工单位(签章): 亲笔签名 日期: 年　月　日					
监理单位意见（签章） 同意/不同意/无（手写） 总监理工程师:亲笔签名 日期: 实际日期			建设单位意见（签章） 同意/不同意/无（手写） 项目负责人: 亲笔签名 日期: 实际日期		

洽 谈 记 录

工程名称: 该项目工程的全称

施工详细地点	按设计图纸的地点填写		
施工项目部位	指分项、分部、单位工程		
承接施工单位	填写施工单位的全称		
洽谈时间	实际日期	洽谈地点	实际地点
洽谈内容: 根据实际洽谈内容填写，若无填写"无"。			
洽谈结果:			
洽谈单位名称	参加人(签字)		
单位全称	亲笔签名		
单位全称	亲笔签名		
单位全称	亲笔签名		

变 更 通 知 单

工程名称: 该项目工程的全称

单项或单位工程名称	与设计名称一致		
设计补充图纸名称	按实际填写		
设计补充图纸图号	按设计编号填写		
原设计规定的内容: 若无变更,填写"无"。		变更后的工作内容: 若无变更,填写"无"。	
原设计工程量	按原设计填写	变更后工作量	按实际填写
原设计预算数	按原设计填写	变更后预算数	按实际预算填写
变更原因及说明: 若无变更,填写"无"。			
施工单位意见(签章): 无变更/同意/不同意（手写） 项目经理: 亲笔签名 日期: 年 月 日		监理单位意见(签章): 无变更/同意/不同意（手写） 监理工程师:亲笔签名 日期: 年 月 日	
设计单位意见(签章): 无变更/同意/不同意（手写） 设计负责人: 亲笔签名 日期: 年 月 日		建设单位意见(签章): 无变更/同意/不同意（手写） 项目负责人: 亲笔签名 日期: 年 月 日	

附注：本表一式三份，建设方、监理方、施工方各一份。

附件：1.原工程图纸及预算； 2.更改后图纸及预算。

随 工 检 查 签 证

工程名称: 该项目工程的全称

分项、分部、单位工程名称	与设计文件名称一致	
详细施工地址	按设计图纸的地址填写	
建设单位	填写建设单位的全称	
设计单位	填写设计单位的全称	
监理单位	填写监理单位的全称	
施工单位	填写施工单位的全称	
检查内容	检查意见	检查时间
填写检查的关键部位	全部手写	全部手写
填写检查的关键部位	全部手写	全部手写
参加检查人： 随工部门：　网运/网维　随工人员：亲笔签名 监理单位：　亲笔签名（如无监理单位、填写"无"） 施工单位：　亲笔签名		

注：按不同专业有关验收规范要求的项目进行检查签证，签证表可附页。检查内容主要包括工程质量的检查，即硬件安装工艺（按照专业要求细分）、设备（按照专业要求细分）、标签粘贴等。

质量事故报告及处理记录

工程名称: 该项目工程的全称

建设单位	填写建设单位的全称
设计单位	填写设计单位的全称
监理单位	填写监理单位的全称
施工单位	填写施工单位的全称
施工详细地址	按设计图纸的地址填写

项目经理\施工员\质量员		施工单位项目经理	
事故时间	年 月 日	报告时间	年 月 日

事故情况、主要原因及处理办法:
按实际情况详细填写，若没有事故，填写"本工程无质量事故"。

填报单位(签章)
报告人：（亲笔签名）
报告日期：年 月 日

事故处理意见:
按实际情况详细填写，若没有事故，填写"无"。

填报单位(签章)
填报日期：年 月 日

监理单位意见(签章) 同意/不同意/无 总监理工程师：（亲笔签名） 日期：年 月 日	施工单位意见(签章) 同意/不同意/无 项目经理：（亲笔签名） 日期：年 月 日
设计单位(签章) 同意/不同意/无 设计负责人：（亲笔签名） 日期：年 月 日	建设单位意见(签章) 同意/不同意/无 项目负责人：（亲笔签名） 日期：年 月 日

隐 蔽 工 程 验 收 记 录

工程名称	该项目工程的全称				
分项/分部/单位名称	与设计文件名称一致	详细施工地址	按设计图纸的地址填写		
建设单位	填写建设单位全称	监理单位	填写监理单位全称		
设计单位	填写设计单位全称	施工单位	填写施工单位全称		
序号	隐蔽部位	检查依据	验收意见	监理方随工员	建设方随工员	检查时间
1	根据实际填写	根据实际填写	合格/不合格	亲笔签名	亲笔签名	实际时间
2	根据实际填写	根据实际填写	合格/不合格	亲笔签名	亲笔签名	实际时间
3						
4						

检查结论或存在问题及处理意见:
根据实际情况填写

建设单位: 亲笔签名	施工单位: 亲笔签名	监理单位: 现场监理签字:亲笔签名
建设单位签字: 年 月 日	施工单位签字: 年 月 日	区域总监签字:亲笔签名 年 月 日

注:后可附页,按不同专业有关验收规范要求的项目进行记录。

完 工 报 告

工程名称:该项目工程的全称

建设单位	填写建设单位的全称	设计单位	填写设计单位的全称
施工单位	填写施工单位的全称	监理单位	填写监理单位的全称
施工详细地址	按设计图纸的地址填写		
开工日期	年 月 日	完工日期	年 月 日
合同工期	按照合同工期填写	实际工期	按照实际填写
工程概预算	按照设计填写	实际工程量	按照实际填写

申报完工日期： 年 月 日

完工项目分项完成情况

序号	项目分项名称	计划量	单位	实际完成量	单位	技术材料和竣工图
1	按设计量名称填写					齐全/不齐全/无
2	……					
	以下内容空白					

备注：

施工单位（签章） （亲笔签名） 项目经理： 日期： 年 月 日	监理单位（签章） （亲笔签名） 总监理工程师： 日期： 年 月 日	建设单位（签章） （亲笔签名） 项目负责人： 日期： 年 月 日

工 程 总 结

工程名称:该项目工程的全称

主要包括工程概况，工程进度控制、投资控制、质量控制、工程配合分工、工程中遇到的问题和解决情况，以及工程建设经验、教训和建议等方面的说明，如涉及多家施工单位，则由主要施工单位汇总填写。

填报单位：填写全称　　　　　　　　　　责任人：（亲笔签名）　　　　　　时间：　年 月 日

注：可附页。

工 程 量 总 表

工程名称：该项目工程的全称

序号	工程量名称	单位	数量	备注
1	按实际工程量填写			单位和数量可以选择"工日"。
2	……			
	以下内容空白			

施工单位（签章）： 责任人：（亲笔签名） 时间： 年 月 日	监理单位（签章）： 责任人：（亲笔签名） 时间： 年 月 日

已安装设备（主材）明细表—甲供

工程名称: 该项目工程的全称

序号	设备（主材）名称及型号	单位	数量	安装详细地址	备注
1	按实际工程量填写				
2	……				
	以下内容空白				

施工单位（签章）:	监理单位（签章）:	建设单位（签章）:
责任人:（亲笔签名） 日期:　年　月　日	监理人:（亲笔签名） 日期:　年　月　日	责任人:（亲笔签名） 日期:　年　月　日

已安装设备（材料）明细表—乙供

工程名称：该项目工程的全称

序号	设备（主材）名称及型号	单位	数量	安装详细地址	备注
1	按实际工程量填写				
2	……				
	以下内容空白				

施工单位（签章）：	监理单位（签章）：	建设单位（签章）：
责任人：（亲笔签名） 日期：　年 月 日	监理人：（亲笔签名） 日期：　年 月 日	责任人：（亲笔签名） 日期：　年 月 日

测 试 记 录 目 录

工程名称: 该项目工程的全称

序号	测试记录目录	页码	备注
1	按验收标准逐项测试, 填写实际测试记录名称		测试数据、图表附页
2	……		
	以下内容空白		

施工单位（签章）:	监理单位（签章）:
责任人：（亲笔签名） 日期： 年 月 日	监理人：（亲笔签名） 日期： 年 月 日

注：各种专业的测试记录表不同，均附在本目录之后。

竣 工 图 纸 目 录

工程名称: 该项目工程的全称

序号	竣工图纸名称	页码	备注
1	按实际竣工图纸名称填写		附竣工图纸名称应与设计名称保持一致
2	……		
	以下内容空白		
施工单位（签章）： 责任人：（亲笔签名） 日 期： 年 月 日		监理单位（签章）： 监理人：（亲笔签名） 日 期： 年 月 日	

注：竣工图纸附本目录之后。竣工图章应有"竣工图"字样，内容应包含施工单位、编制人、审核人、技术负责人、编制日期、监理单位、现场监理、总监。

设备合格证、装箱单、材料检验、安装手册、操作使用说明书等随机文件材料目录

工程名称: 该项目工程的全称

序号	相关文件材料	责任者	页码	备注
1	按实际情况填写			
2	……			
	以下内容空白			

施工单位（签章）： 责任人：（亲笔签名） 日期： 年 月 日	监理单位（签章）： 监理人：（亲笔签名） 日期： 年 月 日

乙供材料合格证粘贴表

（要附原始合格证）

设备合格证、装箱单、材料检验、安装手册、

操作使用说明书等随机文件材料

其 他 相 关 文 件 材 料

工程名称:该项目工程的全称

序号	相关文件材料	页码	备注
1	按实际情况填写		
2	……		
	以下内容空白		

施工单位（签章）： 责任人：（亲笔签名） 日期：　年 月 日	监理单位（签章）： 监理人：（亲笔签名） 日期：　年 月 日

注:其他相关材料（指软件材料、声像、电子及建设方认为有必要存档的文件）附本目录之后。

工程余料移交明细表

序号	名称/型号	单位	数量	核对情况
1	按实际剩余材料名称填写（名称与系统名称一致）			
2	……			
	以下内容空白			

施工单位（签章）： 负责人：（亲笔签名） 日期： 年 月 日	监理单位（签章）： 监理人：（亲笔签名） 日期： 年 月 日
建设单位（签章）： 负责人：（亲笔签名） 日期： 年 月 日	接收单位（签章）： 负责人：（亲笔签名） 日期： 年 月 日

竣 工 验 收 证 书

工程名称：该项目工程的全称

建设单位	填写建设单位的全称		设计单位	填写设计单位的全称
施工单位	施工单位的全称		监理单位	填写监理单位的全称
施工地址			任务书号	填写建设单位的任务书号
开工日期	实际开工日期	完工日期	实际竣工日期	实际工期　　天
验收日期：　　年　　月　　日				

<table>
<tr><td colspan="5" align="center">竣 工 项 目 分 项 审 查 情 况</td></tr>
<tr><td>序号</td><td colspan="2">审查项目及内容</td><td>审查情况</td><td>文档情况</td></tr>
<tr><td>1</td><td colspan="2">硬件安装工艺</td><td>通过/未通过，如未通过增加原因简述</td><td>齐全/不齐全</td></tr>
<tr><td>2</td><td colspan="2">竣工图纸</td><td>通过/未通过，如未通过增加原因简述</td><td>齐全/不齐全</td></tr>
<tr><td>3</td><td colspan="2">测试资料</td><td>通过/未通过，如未通过增加原因简述</td><td>齐全/不齐全</td></tr>
<tr><td>4</td><td colspan="2">工程余料</td><td>通过/未通过，如未通过增加原因简述</td><td>齐全/不齐全</td></tr>
</table>

存在问题及解决办法：

详细说明竣工验收遗留的问题，确定责任单位，并限期整改。验收不得存在重大遗留问题，否则不予通过。本栏由监理单位监理工程师填写。

监理单位项目负责人（签章）：总监亲笔签名　日期：年　　月　　日

验收结论：

填写验收小组对该项目工程的竣工验收结论。

运维单位项目负责人（签章）：亲笔签名　日期：年　　月　　日

建设单位	施工单位	监理单位	维护单位
参加验收人员亲笔签名，盖章	参加验收人员亲笔签名，盖章	参加验收人员亲笔签名，盖章	参加验收人员亲笔签名，盖章
（签章）	（签章）	（签章）	（签章）

卷内备考表

本卷共有文件材料_____页，其中：

文字材料_____页，图样材料_____页

照片_____张

说明：

立卷人：施工单位编制人签名

年　月　日

审核人：施工单位项目经理签名

年　月　日

项目总结

本章主要讲解了基站工程建设的项目类型、专业划分。重点讲述了基站内外工程建设中的安装规范、安装标准和基站工程的验收标准与规范。本章最后讲解了基站工程竣工文件的制作规范与要求。通过本章的学习，读者基本可以掌握当前基站工程建设的主要技术及建设流程、标准与规范，为提升实践能力打下了坚实的基础。

思考与练习

1. 简述基站工程的专业分类。

2. 基站新建工程可以分为哪几类？区别是什么？

3. 基站安装的主设备主要有哪些？4G 无线设备有哪些？

4. 基站的电源类型有哪些？

5. 基站的传输系统主要使用的是什么线缆，目前最为常见的，适合于远距离传输的是哪种介质？

6. 基站的防雷接地系统目前使用的是联合接地还是单独组网接地。

7. 请画出基站建设流程图。

拓展训练

训练题：请制作一份基站无线主设备的开工报告、复工报告及验收报告。

项目4 室内分布系统工程施工

项目引入

随着移动通信技术的飞速发展，手机等无线通信设备已经成为人们不可缺少的现代化通信工具，移动通信的业务也从传统的话音业务扩展到数据、图像、视频等多媒体业务，尤其目前的4G网络，使移动通信的内容更加丰富多彩。未来的5G网络还将涵盖更多的网络应用，所以用户现在早已不再满足于只有室外的移动通信服务，室内的网络服务将变得更加重要。本章主要讲解了室内分布系统网络架构、信源组成、无源器件及室内天、馈系统等工程的施工内容。

学习目标

1. 识记：室内分布系统的整体网络架构及室内分布系统的主要技术手段。
2. 领会：室内分布系统的发展历程。
3. 应用：室内分布系统的应用场景及服务范围。

4.1 认识室内分布系统

随着移动用户的飞速增加，高层建筑越来越多，话务密度和覆盖要求也在不断上升。这些建筑物规模大、质量好，对移动电话信号有很强的屏蔽作用。在大型建筑物的低层、地下商场、地下停车场等环境下，移动通信信号弱，手机无法正常使用，形成了移动通信的盲区和阴影区。在建筑物的中间楼层，来自周围不同基站的信号重叠，产生"乒乓效应"，手机频繁切换，甚至掉话，严重影响了手机的正常使用；在建筑物的高层，由于受基站天线的高度限制，无法正常覆盖，也是移动通信的盲区。另外，在有些建筑物内，虽然手机能正常通话，但是用户密度大、基站信道拥挤、手机上网困难。因此，移动通信的网络覆盖、容量、质量是运营商获取竞争优势的关键因素。网络覆盖、网络容量、网络质量从根本上体现了移动网络的服务水平，室内覆盖系统正是在这种背景下产生的。

我国城乡一体化协同发展迅猛，房地产建设速度尤为突出，随着国内经济的发展，人们逐渐集中于室内活动，因此，人们对室内移动通信网络的要求越来越高。而现代建筑多以钢筋混凝土为主，再加上全封闭式的外装修，对无线电信号的屏蔽衰减特别厉害，使通话质量严重下降。在不同的建筑物环境中，无线电磁波的损耗有所不同。在一些大型商场、餐厅、会议室等场所，人群密集，移动电话用户相对集中，因此移动电话试呼次数明显增多，呼叫接通困难，形成了话务"热点"。在许多大型宾馆、写字楼以及交通隧道、地下停车场、电梯等区域，由于建筑物的墙壁阻挡、室内结构等原因造成室内信号覆盖不均匀或无法覆盖，形成了话务"盲点"。另外，在有些建筑物内，虽然手机能够正常通话，但是由于用户密度大，基站信道拥挤，导致手机用户出现"排队"现象。

因此，如何解决好室内信号的覆盖问题，满足广大用户的需求，提高网络质量已变得越来越重要，也成为网络优化工作的一个重点。为解决室内信号覆盖不理想的问题，目前最有效的解决方法是在建筑物内安装室内覆盖分布系统。就是将基站的信号通过有线方式直接引入室内的每一个区域，再通过小型天线将基站信号发送出去，从而达到消除室内覆盖"盲区"、抑制干扰的目的，为楼内的移动通信用户提供稳定、可靠的室内信号，从而保证室内区域拥有理想的信号，使用户在室内也能享受高质量的移动通信服务。

4.1.1 室内分布系统简介

室内分布天线系统是室内覆盖系统的重要组成部分，通过在建筑物内各个区域布放线缆及安装天线（或泄漏电缆）等措施，使信号均匀地分布在各区域，消除信号"盲点"。室内分布天线系统支持射频信号的透明传输，并使射频信号按规定的路径（传输介质）分配、发射和接收，从而有效地解决"热点""盲点"、切换等问题，实现用户在任何时间、任何地方的移动通信。

室内天线分布系统应用非常广泛，大型酒店、宾馆、大型商场、高层写字楼、大型餐馆、娱乐场所、会议中心、隧道、地铁、地下停车场、机场等场所都可以应用。同时，繁华街区、高速公路也可应用该系统。室内分布系统的示意如图4-1所示。

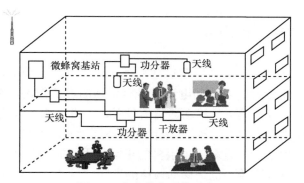

图4-1　室内分布系统示意

室内分布系统主要由各种制式网络的施主信源和天馈分布系统、防雷接地系统、市电供电系统组成。施主信源包括基站、基站拉远设备、无线或有线中继设备。室内信号分布系统由有源器件、无源器件、天线、缆线等组成。

室内分布系统根据传输媒介分为射频无源分布系统、射频有源分布系统、光纤分布系统和泄漏电缆分布系统。

（1）射频无源分布系统

射频无源分布系统除信号源外，主要由耦合器、功率分配器、合路器、衰减器、负载、泄漏电缆、室内天线、馈线等无源器件组成。射频无源分布系统的信号功率不经过放大，因为信号源提供的功率有限，同时考虑到上行信号的传播，它的有效服务范围不可能无限大，一般可以覆盖十几层楼，建筑面积在 $8000 \sim 10000 \ \mathrm{m}^2$，射频无源分布系统示意如图4-2所示。

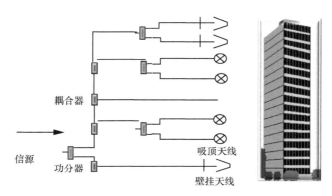

图4-2　射频无源分布系统示意

（2）射频有源分布系统

射频有源分布系统在服务区域较大的情况下，为了弥补分布系统中信号功率的衰减，保证末端天线口的功率，在必要的位置需进行功率放大，加装干线放大器或使用有源天线、变频器等有源器件增加功率。

干线放大器会造成噪声，它的多级级联形成的累积噪声会影响系统的通信质量，所以在设计中一般不使用干线放大器的级联。干线放大器的补偿功率损耗是有限的，射频有源分布系统可以增加覆盖范围，但还是有功率和上行链路的信号损失。射频有源分布系统示意如图 4-3 所示。

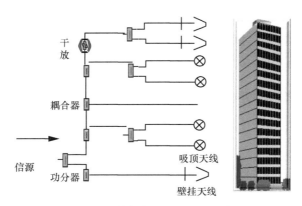

图4-3　射频有源分布系统示意

（3）光纤分布系统

由于电分布系统受到上行信号和功率损耗的限制，导致了服务区域有限，在服务区域间隔距离远、需要覆盖面积大的情况下，使用光纤分布系统更为有利。光纤分布系统由光电转换器和光纤组成，信号先由电光转换器转换成光信号，并在光纤中被传输到覆盖端，再通过光电转换器转换成电信号，经过放大后被送进天线。光纤的传输损耗小，不受电磁干扰，布线电缆方便，适合用于长距离的信号传输以及大型建筑物的室内覆盖，但是价格昂贵，维护难度大。在实际应用中，为节省成本，通常情况下以电分布系统为主，在距离远、覆盖面积大的情况下使用光纤分布系统组成混合室内分布系统扩大服务范围，光纤分布系统示意如图4-4所示。

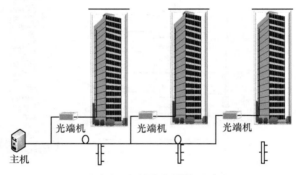

图4-4　光纤分布系统示意

（4）泄漏电缆分布系统

泄漏电缆分布系统是电分布系统的一种特殊形式，它将所提取的信源信号通过耦合器、功分器等无源器件进行分路后，将其送入泄漏电缆中。这种方式主要适用于地铁及隧道等狭长且有弯道的通道型室内区域。泄漏电缆分布系统安装方便，但造价高，对电缆的性能要求高，使用较少。泄漏电缆分布系统示意如图4-5所示。

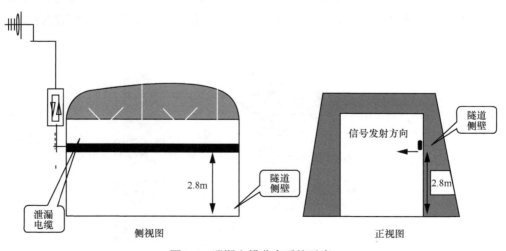

图4-5　泄漏电缆分布系统示意

4.1.2　室内分布系统工程建设流程

室内分布系统的建设总体可以分为勘测、设计、施工、开通测试四个阶段。这四个阶段涉及不同业务类型的公司（如建设方、集成厂家、设计院、监理公司、施工单位等），具体的流程如图 4-6 所示。

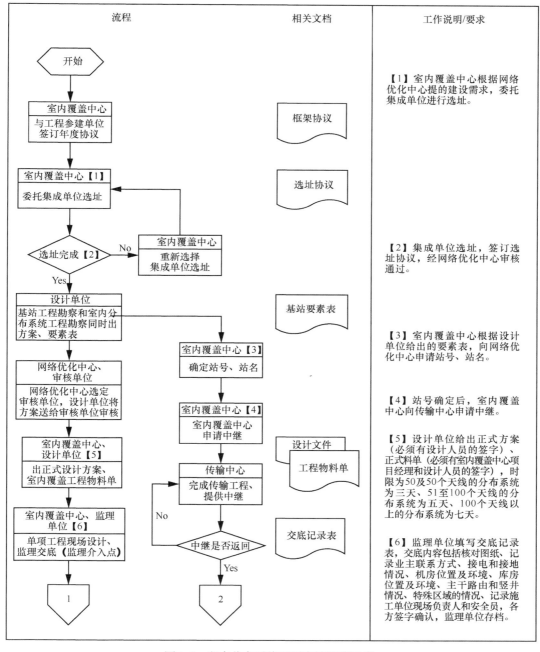

图4-6　室内分布系统工程实施流程示意

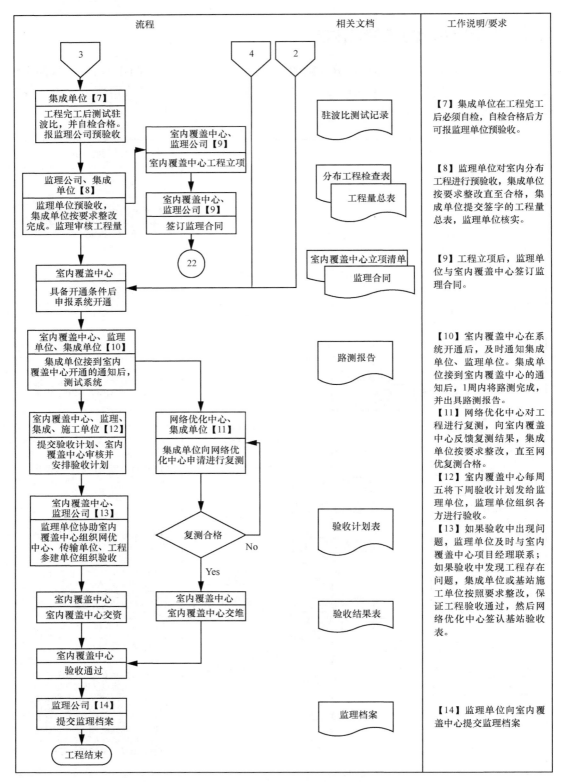

图4-6　室内分布系统工程实施流程示意（续）

建设流程的主要内容

（1）室内覆盖选点原则

① 选择室内信号覆盖不好、又有人流量的建筑物作为室内覆盖选点的对象。

② 对城区内的高层建筑，如高层写字楼、高层住宅楼等进行室内覆盖。就目前的网络优化手段而言，解决高层空间的无线干扰及乒乓切换效应，没有其他更为有效的解决方案。

③ 分析宏蜂窝话务情况，划定高话务区域，然后在高话务区域寻找话务热点建筑，利用室内覆盖系统吸收建筑物内的话务，从而缓解宏蜂窝容量方面的压力。如城区中心人流量大的商场、酒店、医院等无论信号覆盖情况如何，均应考虑进行室内覆盖。

（2）室内分布系统工程勘测

勘测是指技术人员测试建筑物内的无线信号，确定工程选点。勘测是整个工程的发起阶段。

1）勘测前的准备工作

① 确认勘测是否得到运营商和业主的许可；

② 了解勘测点周围基站分布情况、位置情况；

③ 向用户、业主索取被测建筑的平面图以及相关地形、结构资料，若业主最终无法提供，则勘测人员必须绘制详尽的平面图或立面图，或者用相机拍摄建筑物的消防走线图；

④ 现场勘测前，要仔细研究被测建筑物的图纸，尽量从图纸上弄清建筑结构；

⑤ 了解勘测点的覆盖要求，如覆盖范围及覆盖等级等。

2）测试工具配置

① 测试手机；

② 电脑；

③ 测试软件：TEMS、鼎力等（软件可选，但必须能提供路测轨迹图）；

④ 测距仪、卷尺；

⑤ GPS 定位系统；

⑥ 照相机。

3）勘测要求

① 勘测设计前必须有建设单位签发的业主联系函、设计委托函；

② 设计单位必须提供详细的勘察设计计划；

③ 勘测过程必须由监理公司监督；

④ 勘测后承建单位必须形成勘测纪要。

4）勘测内容及无线数据分析

a. 建筑环境勘测

① 覆盖站点名称；

② 覆盖站点的地理位置（站点详细地址、经纬度、周围建筑环境描述等）；

③ 建筑楼宇高度、层数、建筑总面积和建筑结构（内部环境描述）等；

④ 功能结构分割建筑物（标准层、地下层等），并分别描述面积和功能；

⑤ 需要覆盖的区域并进行面积描述（楼层、总面积等）；

⑥ 要求提供建筑设计平面图或建筑剖面图（如没有，需要现场画草图）；

⑦ 房屋内部环境和装修情况，初步确定天线覆盖半径和天线安装位置；

⑧ 天花板上部结构能否穿线缆，确定馈线布放路由；

⑨ 电气竖井、位置数量、走线位置的空余空间；

⑩ 电梯间共井情况、停靠区间、通达楼层高度及用途等，确定电梯间缆线进出口位置；

⑪ 确定楼宇通道、楼梯间、电梯间位置和数量；

⑫ 确定机房位置或信源安装位置；

⑬ 调查覆盖系统用电情况；

⑭ 大楼防雷接地、接地网电阻值、接地网位置图、接地点位置图等。

b. 电磁环境勘测

① 覆盖区的主要 BCCH 的接收电平值、BSIC、LAC、CI、C1 及 C2 参数及通话等级；

② 统计接通率、掉话率、切换情况、电磁干扰区域等；

③ 乒乓效应区域及 BCCH 的最大电平值；

④ 相邻小区载频号、电平值；

⑤ 盲区范围；

⑥ 漫游信号区域及 BCCH 的最大电平值；

⑦ 是否开跳频、跳频方式和基站小区名等；

⑧ 根据现有无线环境判断各运营商系统之间是否存在干扰。

无线环境测试路由选择沿楼宇外边缘，沿楼层中部走廊（最好能进入房间内测试）、楼梯、电梯口；根据大楼实际分割可能的弱信号区。

c. 无线环境测试注意事项

① 手机距地面 1.5m 左右。

② 建筑结构不同层需每层必测，且给出路测图轨迹。所选楼层一定要全部扫频测试，各楼层测试结果一样的需要说明，确认脱网的区域（电梯、地下室、地下停车场等）不用扫频测试。

③ 非标准楼层必须每层进行网络测试，标准楼层可隔一层再进行测试。在设计文件中要给出路测分析结果和测试的记录文件，提供各种参数的统计图表。

（3）设计

1）设计原则

① 先局部、后整体，先平层、后主干；

② "小功率、多天线"滴灌覆盖原则；

③ 主干线尽量采用 7/8″ 馈线，平层长度小于 30 m 采用 1/2″ 馈线。

勘测完成后，可以进行室内分布系统覆盖设计，步骤如图 4-7 所示。

2）设计思路

a. 信源的选取

信源的选取见表 4-1。

表4-1 信源的选取

类型和面积	信源	分布系统
微型封闭建筑物（5000 m² 以下）	直放站	射频同轴
小型建筑物（5000～20000 m²）	RRU//小基站	射频同轴

（续表）

类型和面积		信源	分布系统
中型建筑物（20000～60000 m²）		RRU/宏基站	射频同轴
大型建筑物（60000 m²以上）		RRU/宏基站	射频同轴/光纤分布
超大型建筑物（150000 m²以上）		宏基站	射频同轴/光纤分布
狭长型建筑	地铁	RRU/宏基站/小基站	射频同轴（出入口） 泄漏电缆（隧道） 光纤RRU（站间）
	铁路、公路隧道	RRU/直放站/小基站	射频同轴 泄漏电缆 光纤分布

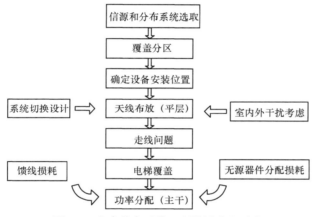

图4-7　室内分布系统工程设计流程示意

b. 泄漏电缆

光纤分布独立的中小型建筑一般采用信号源加无源天馈分布系统的方式；独立的中大型建筑一般采用信号源、干线放大器加无源天馈分布系统的方式；空旷、密闭的地区如地下停车场、地下超市、酒吧等，由于不存在泄露问题，因此为降低造价应采用少天线、大功率的方式，一般将全向天线安置在中心位置，狭长地区采用定向天线。

空旷、易泄露的地区如商场、饭店大堂，尽量在中心区安装全向天线，输出功率要小；或采用定向天线从建筑物的边缘向里覆盖；或使用泄漏电缆。

对于住宅塔楼，需要在公共走廊安装全向（或定向）天线，采用较大功率输出的方式。结构复杂、隔间较多的建筑如写字楼、饭店等采用多天线、小功率方式，使用全向天线，将其放置在走廊里；电梯采用电梯井内安装对数周期天线或电梯口安装吸顶全向天线或定向天线的方式；对于密集的矮层板楼，我们可以在每一座楼的外侧安装定向天线使其覆盖对面建筑，从室外解决室内覆盖问题，这样可以大大降低费用。小型盲点采取小功率直放站加一两个室内天线的方式。

c. 覆盖分区考虑

① 根据容量分区（覆盖区容量预测、基站小区提供容量）；

② 根据覆盖分区（覆盖区面积、单个小区覆盖面积）；

③ 横向分区；

④ 纵向分区。

d. 确定设备的安装位置

主设备的安装位置一般是由电信运营商明确要求或者根据现场实际情况经过和物业协调来确定的，一般情况下会选择安装在专用机房、电梯机房、弱电井、楼梯间和地下停车场等不影响业主的地方。

e. 天线的布放

室内覆盖天线选择：全向吸顶天线、定向吸顶天线、定向壁挂天线、对数周期天线和隐蔽美化型天线等。

对于重点区域要布放室内天线，以保证这些区域的信号覆盖，如领导办公室、大型办公区、会议室等，为了减少穿透墙体带来的损耗，尽量将天线布放在房间内；切换区域要布放天线，如车库入口处、电梯和大堂的出入口等位置；一些容易发生信号泄露的区域，如走廊尽头靠窗位置，可以布放定向天线进行信号覆盖，定向天线的主瓣方向朝里，利用定向天线后瓣的抑制特性，防止信号泄露到室外并造成干扰；如果在室内存在室外干扰信号的区域，而且客户要求室内区域必须占用室内信号，那么需要我们从室内覆盖优化的角度（相对室外基站优化调整）上调整，项目施工人员应根据干扰信号强度和区域决定室内天线的布放位置；确保天线布放后，在室内干扰区域，室内信号的导频功率比室外干扰信号的导频功率高 5 dB 以上。

f. 走线问题

项目施工人员和业主进行友好协商，并征得业主同意后，室内覆盖可选择在停车场、弱电井、电梯井道、天花板内走线；居民小区覆盖可选择小区自有的走线井，如小区内预留走线井、路灯电力走线井等，将其作为走线路由的首选，这样可避免与多个单位沟通。若没有相关走线井道，则项目施工人员和相关部门协商后，将小区内公共走线管井作为走线路由，如光缆井、热力管道井、水管井、有线电视井等。

g. 天线功率分配

根据中华人民共和国国家标准《电磁辐射防护规定》，室内天线口发射总功率 ≤ 15 dBm。对于天线安装高度较高的建筑（如体育场馆、会展中心、机场航站楼等）或对覆盖有特殊要求的场景（如干扰严重的建筑物高层等），天线口功率还可酌情提高，但应满足国家对电磁辐射防护的规定。

信号功率主要通过馈线、耦合器、功分器进行分配。通过"耦合器＋功分器"分配功率的方式，尽可能使天线的注入口功率达到平衡。

（4）施工

1）设计交底

设计交底是完成通信工程从设计转向实施的关键。工程设计文件是工程施工的指导文件。在通信工程开工前，建设方组织设计人员、现场监理人员、设备厂商设计负责人进行全面的技术交底，按工程的复杂程度，可根据不同的专业组织项目施工的交底工作。通过专业的技术交底，确认现场的环境情况及各专业的配合情况，并且需要校验工程设计文件的可行性及合理性。完成技术交底是确认前期项目设计阶段工作质量符合当前施工阶段工作质量的前提条件，为后期通信工程施工提供适用的指导文件。

设计交底前，监理人员应熟悉、了解设计文件，了解工程特点，对设计文件中出现的问题和差错提出建议，并以书面形式报建设单位。

设计方案审查的内容主要包括以下几个方面：

① 设计方案审核手续是否符合规定，是否经设计单位正式签署；

② 设计是否满足规定（抗震烈度、安全防火、环境等要求）；

③ 设计方案中有无遗漏、差错或相互矛盾之处，设计方案的表示方法是否清楚并符合标准；

④ 提出的施工工艺、方法是否合理，是否切合实际，是否存在不便于施工之处，能否保证质量；

设计交底应了解以下主要内容。

① 设计交底工作由建设单位主持，设计单位、承包单位和监理单位的项目负责人及有关人员参加。

② 施工现场的客观条件：建筑物性质、地点、经纬度、楼层数、各楼层功能、面积、电梯数量、人流量等，原有通信及配套设备的特点、位置以及各种管线的管线路由。

③ 建设单位、维护单位对本工程的要求：分布系统的类型、信号源的类型、室内天线类型和数量；各设备（如主机设备、干线放大器、天线设备）的安装位置和固定方式；主设备和有源设备的电源供电、接地、工作环境和抗震措施、室外天馈线避雷措施、主干馈线的布放路由等。

④ 本次建设的内容对原有系统的影响：是否需要割接，是否为扩容预留，如何与原系统合网等。

⑤ 要督促承包单位认真做好审核及设计方案核对工作，在审图过程中发现的问题，要及时以书面形式报告给建设单位。对于存在的问题，要求承包单位以书面形式提出，在设计单位以书面形式进行解释或确认后，方能进行施工。

⑥ 对土建、电气改造、消防、安防改造、设备安装及环境监控施工的要求；对建材、管材、构配件、各种线缆的要求，以及施工中应特别注意的事项等。

⑦ 承包单位介绍工程的准备情况，包括与业主的施工协调、安装材料储放等问题。

⑧ 交底记录由承包单位负责，监理审核后，各方签字确认。

2）施工组织设计

① 工程概况、特点；

② 应有明确的组织结构及有关人员的具体职责；

③ 应有技术交底制度、质量检查及评定制度、质量事故及处理制度、成品保护制度；

④ 施工方案、工艺应符合设计要求，并要有施工技术措施、关键工序控制措施；

⑤ 设备材料的订货、购置与进场计划，施工人员配备；

⑥ 施工机具、仪表、车辆应满足施工任务的需要；

⑦ 应有安全用电、环保、消防及文明施工措施；

⑧ 应有开、竣工时间，施工进度表，应保证施工连续性；

⑨ 应有持证上岗人员证书。

3）材料进场

只有经过施工现场环境检查，在确认工程现场安全环境符合货物进场要求且配套设施具备形式条件后，工程货物进场过程才可被协调安排。

做好现场设备材料检验工作是保证工程质量的关键，更是工程实施的关键，监理工程师必须在施工前对设备材料进行点验及检查；同时，还应负责组织监理员做好工程设备材料检验的具体实施工作并将检查结果汇报给总监。

设备材料检验的组织：设备材料检验人员应组织设备厂商、施工单位、建设单位的人员对设备材料进行检验，监理人员应收集设备材料清单、设计文件等。

对于建设单位采购的设备材料的检验必须在现场进行，包括数据主设备、电源设备、各种线缆等设备材料，检验的内容包括：是否有出厂合格证书及技术说明书、检验合格证；规格型号是否符合设计文件及相关规范的要求；设备材料的存放条件等。

对于设备的检查应包括两个方面：一是开箱前的检查，主要是检查设备的外包装是否完好无损；二是开箱后对设备外观、板件型号以及相关配件配置的核对。

4）工程实施

工程实施过程是整个施工过程中最为重要的阶段，施工过程的质量控制关键点分布在整个施工过程中，层层紧扣、环环相接，这就要求施工人员要严格遵守工程现场施工管理制度，按照施工规范操作，争取一次性通过工程质量检查。

4.2 信源组成

室内分布系统由信源部分和信号分布系统两部分组成，其中信源的组成方式有4种。

4.2.1 信源部分

室内分布系统的信源有以下几种接入方式：宏蜂窝作为信源接入信号分布系统；微蜂窝作为信源接入信号分布系统；直放站作为信源接入信号分布系统；分布式基站射频拉远单元作为信源接入信号分布系统。其具体内容分别如下。

宏蜂窝作为信源接入信号分布系统是以宏蜂窝基站作为信号分布系统的信源。宏蜂窝作为信源具有容量大、覆盖范围广、信号质量好、容易实现无源分布、网络优化简单的特点，是室内分布系统中最好的接入方式，如图4-8所示。但宏蜂窝成本较高，且需有光纤传输通路，建设周期长。

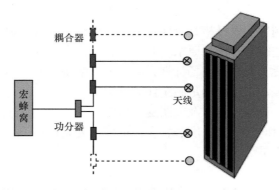

图4-8　宏蜂窝作为信源接入信号分布系统示意

　　微蜂窝作为信源接入信号分布系统是以微蜂窝基站作为信号分布系统的信源。由于微蜂窝本身功率较小，只适用于较小面积的室内覆盖，若要实现较大区域的覆盖，就必须增加微蜂窝功放，如图 4-9 所示。与宏蜂窝相比，微蜂窝具有成本较低、对环境要求不高、施工方便等特点，所以微蜂窝作信源的使用也较为普遍。

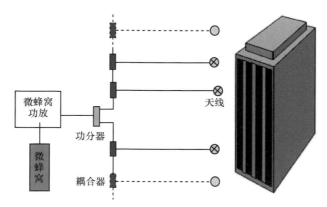

图4-9　微蜂窝作为信源接入信号分布系统示意

　　直放站作为信源接入信号分布系统是利用施主天线空间耦合或利用耦合器件直接耦合存在富余容量的基站信号，再利用直放站设备对接收到的信号进行放大为信号分布系统提供信源的方式。直放站以其灵活简易的特点成为小容量室内分布系统采用的主要方式。直放站不需要基站设备和传输设备，安装简便灵活，设备型号也丰富多样，在移动通信直放站中也扮演着重要的角色。

　　直放站作为信源接入信号分布系统有以下应用方式。

　　① 通过直放站的施主天线直接从附近基站提取信号，如图 4-10 所示。

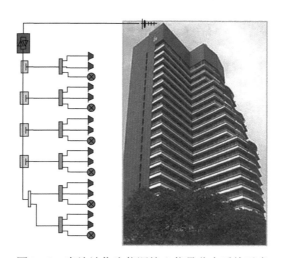

图4-10　直放站作为信源接入信号分布系统示意

　　② 用耦合器从附近基站耦合部分信号，并通过光纤将其传送到预期覆盖区域的直放站，如图 4-11 所示。

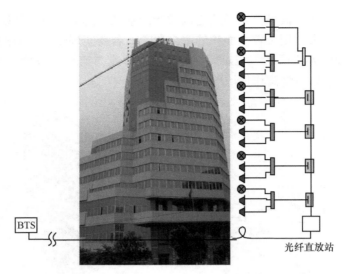

图4-11 光纤直放站作为信源接入信号分布系统示意

③ 用耦合器从附近基站耦合部分信号，并通过电缆将其传送到预期覆盖区域的直放站，如图 4-12 所示。

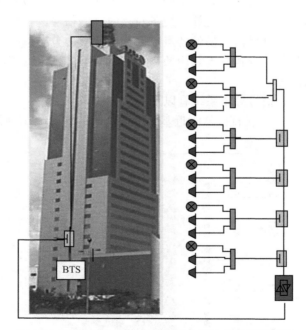

图4-12 基站耦合器作为信源接入信号分布系统示意

分布式基站射频拉远单元作为信源接入信号分布系统中的分布式基站是由基带处理单元及射频拉远单元组成的。室内基带处理单元（Building Baseband Unit，BBU）完成基带信号的处理、传输、主控等操作；而射频拉远单元（Remote Radio Unit，RRU）完成对射频信号的滤波、信号放大处理等操作。

射频拉远单元作为信源接入信号分布系统如图 4-13 所示。

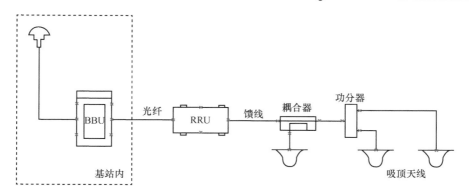

图4-13 射频拉远单元作为信源接入信号分布系统示意

4.2.2 室内分布系统的信源的选取

室内分布系统的信源的选取应权衡系统容量、频率资源、预期收益、投入成本、预期效果等多方面因素。

系统容量直接决定室内分布系统的网络质量，如容量太小将直接导致覆盖区域内出现信道堵塞、呼损率大幅提高、接通困难、掉话严重等一系列严重问题；容量太大又会导致成本过高和资源的巨大浪费，因此配置合理的室内分布系统的容量是非常重要的。

工程设计中的经验值如下。

① 平均每用户忙时话务量：0.02 Erl。

② 用户呼损率：2%。

③ 直放站覆盖区域的话务量不超过其施主基站话务量的 40%。

当直放站覆盖区域的话务量超过其施主基站话务量的 40% 时，应改换宏蜂窝或微蜂窝基站作为信源。

关于室内分布系统信源选择的比较见表 4-2。

表4-2 室内分布系统信源选择的比较

	使用基站	使用直放站
是否增加容量	根据需要增加容量	不能增加容量
信号质量	好	一般
对网络的影响	小	控制不好将产生很大影响
是否需要传输设备	需要	不需要
是否需要重新规划频率	需要	不需要
是否需要调整参数	需要	需要
是否支持容量动态分配	不支持（容量预分配）	支持
是否支持多运营商	不支持	支持
安装时间	较长	较短
投资	较多	较少

4.3 无源器件

室内分布系统中常用的器件包括有源器件和无源器件，它们都属于线性互易元件，如图 4-14 所示。线性互易元件只对微波信号进行线性变换而不改变频率特性，且满足互易原理。通常我们所说的工程用无源器件指的都是线性互易元件。

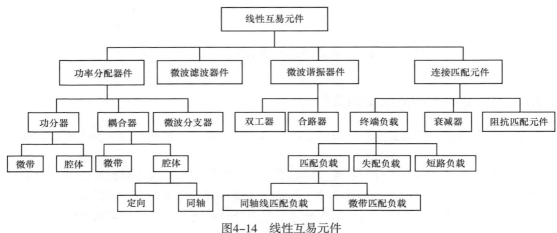

图4-14 线性互易元件

无源器件指像滤波器、分配器、谐振回路等以实现信号匹配、分配、滤波等为目的的元件；有源器件指像微波晶体管、微波固态谐振器等以实现信号产生、放大、调制、变频等为目的的元件。室内分布系统中经常用到的无源器件有功分器、耦合器、基站耦合器、合路器、电桥、干线放大器、负载、射频电缆等。

4.3.1 无源器件的分类

无源器件主要包括电阻、电容、电感、转换器、渐变器、匹配网络、谐振器、滤波器、混频器和开关等，是在不需要外加电源的条件下，就可以显示自身特性的电子元件。电流通过导体时，导体内阻阻碍电流的性质被称作电阻；在电路中起阻流作用的元器件被称作电阻器，简称电阻。电阻器的主要用途是降压、分压或分流以及在一些特殊电路中承担负载、反馈、耦合、隔离等工作。

1. 电阻器

电阻在电路图中的符号为 R。电阻的标准单位为欧姆，记作 Ω，常用的单位还有千欧（$k\Omega$）、兆欧（$M\Omega$），$1k\Omega=1000\Omega$，$1M\Omega=1000k\Omega$。

2. 电容器

电容器也是电子线路中最常见的元器件之一，它是一种存储电能的元器件。电容器由两块同等大小且同质的导体间中间夹一层绝缘介质构成，当在其两端加上电压时，电容器上就会存储电荷，一旦没有电压，只要有闭合回路，它又会放出电能。电容器在电路中阻止直流通过，而允许交流通过，交流的频率越高，通过的能力越强。因此，电容器在电路中常具有耦合、旁路滤波、反馈、定时及振荡等作用。

电容器的字母代号为 C，单位为法拉（记作 F），常用有 μF（微法）、pF（皮法），$1F=10^6 μF=10^{12} pF$，$1 μF=1000000 pF$。

电容器在电路中表现的特性是非线性的，其对电流的阻抗被称作容抗。容抗与电容量和信号的频率成反比。

3. 电感器

电感器与电容器一样，也是一种储能元器件。电感器一般由线圈构成，当线圈两端加上交流电压时，线圈中产生感应电动势，阻碍通过线圈的电流发生变化，这种阻碍被称作感抗。感抗与电感量和信号的频率成正比，它对直流电不起阻碍作用（不计线圈的直流电阻）。所以，电感在电子线路中的作用是阻流、变压、耦合及与电容配合承担调谐、滤波、选频、分频等工作。

电感在电路中的代号为 L，电感量的单位是亨利（记作 H），常用的有毫亨（mH）、微亨（μH），$1 H=1000 mH$，$1 mH=1000 μH$。电感器是典型的电磁感应和电磁转换的元器件，最常见的应用是变压器。

在移动通信系统中，常用的无源器件有功分器、电桥与耦合器、滤波器、合路器与双工器、环形器与隔离器、衰减器、移相器等。

4.3.2　耦合器原理

1. 概念

耦合器常用于对规定流向的微波信号进行取样。在无内负载时，定向耦合器往往是一个具有 4 个端口的网络，如图 4-15 所示。

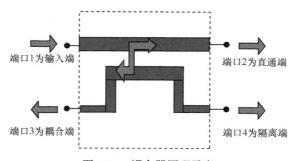

图4-15　耦合器原理示意

定向耦合器是一种低损耗的器件，它接收一路输入信号而输出两路，其信号在理论上有下列特性。

a）输出幅度不相等的信号。主线输出端输出功率较大的信号，基本上可以看作直通，耦合线输出端输出功率较小信号。

b）主线上的理论损耗决定于耦合线的信号电平，即决定于耦合度。

c）主线和耦合线高度隔离。

简单而言，耦合器的作用是将信号不均匀地分成 2 份（主干端和耦合端也可被称作直通端和耦合端）。

定向耦合器的应用示意如图 4-16 所示。

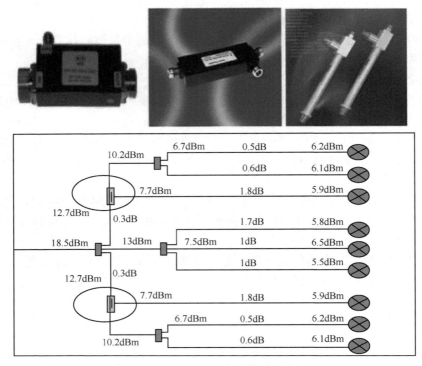

图4-16　定向耦合器应用示意

2. 主要指标

主要指标有耦合度、功率损耗、隔离度、方向性、输入输出驻波比、功率容限、频段范围、带内平坦度等。图 4-17 是宽频腔体耦合器的一些典型指标（参考）。

频率范围	800~2500MHz						
耦合度	5dB	6dB	7dB	10dB	15dB	20dB	30dB
分配损耗	1.65dB	1.26dB	0.97dB	0.46dB	0.14dB	0.04dB	0.004dB
波动范围	(5.1±0.5)dB	(6.0±0.5)dB	(6.0±0.5)dB	(10.0±0.5)dB	(15.0±1.0)dB	(20.0±1.0)dB	(30.0±1.0)dB
插损	$0.1dB_{max}$						
主干损耗	1.85	1.46	1.17	0.66	0.34	0.24	0.2
回波损耗	20dB						
方向性	$20dB_{min}$						
功率容量	200W						
阻抗	50Ω						
互调	-140dBc(+43dBm×2)						
阻抗	50Ω						
连接方式	标准N型接头						
温度	-40℃~+70℃						

图4-17　定向耦合器指标示意

耦合度：信号功率经过耦合器，耦合端口输出的功率和输入信号功率的直接差值（一般都是理论值，如 6 dB、10 dB、30 dB 等）。

耦合度的计算方法：若输入信号 A 为 30 dBm，而耦合端输出信号 C 为 24 dBm，则耦合度 =C－A=30－24=6 dB，所以此耦合器为 6 dB 耦合器。实际耦合度可能在 5.5～6.5 波动。

功率损耗：分为耦合损耗和插入损耗。

① 耦合损耗：理想的耦合器输入信号为 A，耦合一部分到 B，则输出端口 C 必定有所减少。

计算方法：以 6 dB 耦合器为例，在实际测试中假设输入信号 A 是 30dBm，耦合度实测是 6.5 dB，输出端的理想值是 28.349 dB，再实测输出端的信号，假设是 27.849 dB，那么插损 = 理论输出功率 – 实测输出功率 =28.349 dB –27.849 dB =0.5dB。

② 插入损耗：指的是信号功率经过耦合器至输出端出来的信号功率减小的值再减去耦合损耗所得的数值。

计算方法：以 6dB 耦合器为例，在实际测试中假设输入的信号 A 是 30 dBm，耦合度实测是 6.5 dB，输出端的理想值是 28.349 dB，再实测输出端的信号，假设是 27.849 dB，那么插损 = 理论输出功率 – 实测输出功率 =28.349–27.849=0.5 dB。

隔离度：指的是输出端口和耦合端口之间的隔离。一般此指标仅用于衡量微带耦合器，如 5～10 dB 耦合器的耦合度为 18～23 dB，15 dB 耦合器的耦合度为 20～25 dB，20dB（含以上）耦合器的耦合度为 25～30 dB。腔体耦合器的隔离度非常好，所以没有此指标要求。

计算方法：当输入端接匹配负载时，信号由输出端输入，此时耦合端减少的量即为隔离度。

方向性：指的是输出端口和耦合端口之间的隔离度的值再减去耦合度的值所得的值。由于耦合度增加，功率减小，因此最后 30 dB 以上基本没有方向性，所以微带耦合器没有此指标要求，腔体耦合器的方向性一般在 1700～2200MHz 时，耦合度为 17～19 dB 在 824～960MHz 时，耦合度为 18～22 dB。方向性 = 隔离度 – 耦合度。

例如，6 dB 的隔离度是 38 dB，耦合度实测是 6.5 dB，则方向性 = 隔离度 – 耦合度 =38–6.5=31.5dB。

驻波比：指的是输入 / 输出端口的匹配情况，各端口要求一般为 1.2～1.4。

功率容限：指的是可以在此耦合器上长期（不损坏的）通过的最大工作功率容限，一般微带耦合器的平均功率为 30～70 W，腔体的平均功率为 100～200 W。在耦合器上标注的功率同样是指输入端口的最大输入功率，输出端口和耦合端口不能用标注的最大输入功率。

频率范围：一般标称为 800～2200MHz，实际上要求的频段是 824～960 MHz 加上 1710～2200MHz，中间频段不可用。有些功分器还存在 800～2000MHz 和 800～2500MHz 频段。

带内平坦度：指的是整个可用频段耦合度的最大值和最小值之间的差值。

基站耦合器：是耦合器中特殊的一种，主要用于耦合基站信号的情况，它的一些典型基站耦合如图 4–18 所示。

3. 腔体和微带的区别

腔体耦合器是由 2 条金属杆组成的一级耦合，微带耦合器是由 2 条微带线组成的一个类似于多级耦合的网络，它们的对比见表 4–3。

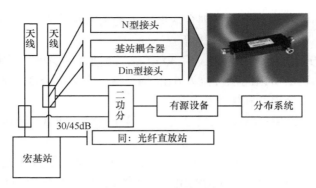

图4-18　基站耦合示意

表4-3　腔体耦合器和微带耦合器对比示意

	微带型耦合器	腔体定向耦合器	同轴腔体耦合器
插损	大	较小	小
驻波比	较差	较好	差
方向性	较好	较好	不作为声明值
功率容量	小	中	大
端口匹配	所有端口阻抗匹配	所有端口阻抗匹配	输入端口匹配
内部结构	焊接方式	有隔离电阻	空气介质、无焊点
可靠性	中	中	高

从结构上而言，微带型耦合器利用 1/4 波长的微带线，腔体型耦合器利用谐振腔。相对而言，微带型耦合器便宜但插入损耗达 0.5 dB，而腔体型耦合器较贵但插入损耗只有 0.1 dB。

4.3.3　功率分配器原理

1. 概念

功分器（全称为功率分配器）：是一种将一路输入信号能量分成两路或多路相等能量输出的器件，其也可反过来将多路信号能量合成一路输出，此时也可被称为合器。一个功分器的输出端口之间应保证一定的隔离度，基本分配路数为 2 路、3 路和 4 路，它们进行级联可以形成多路功率分配。使用功分器时，若某一输出端口不输出信号，必须要匹配负载，不应空载。功分器可以分为能量等分与不等分两种，通常为能量的等值分配。在工程中，当工程师想把相同的信号发往不同的地方时，就使用功分器。

功分器的分类如下。

① 按照结构分类：微带 / 腔体功分器

② 按照输出端口分类：2、3、4 路功率分配器，它们进行级联可以形成多路功率分配。

③ 按照器件使用频段分类：806 ～ 960MHz 频段、806 ～ 2200MHz 频段、806 ～ 2500MHz 频段、1710 ～ 2500MHz 频段。

当信号从端口 1 输入时, 如图 4-19 所示, 功率从端口 2 和端口 3 输出, 只要设计恰当, 两路输出可按一定比例被分配, 并保持同相, 隔离电阻 R 中没有电流, 不吸收功率。若端口 2 或端口 3 稍有失配, 则有功率反射回来, 被电阻 R 吸收, 两输出端口可保持较好的隔离效果, 输出的匹配也可得到改善。

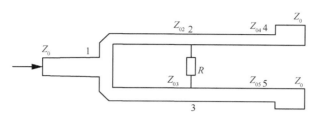

图4-19　三口2路功分示意

功率分配器的主要技术指标要求: 功率分配比、工作频带、两输出端口的隔离度、输入电压驻波比、功率容量等。

在分布系统中, 功分器对于下行信号而言充当功率分配器的角色, 对于上行信号而言充当 (小信号) 合路器的角色。功率分配器上标注的功率是指输入端口的最大输入功率, 而作为 (小信号) 合路器而言, 其不能在输出端口按标注的功率输入信号, 即不能用作大功率合路器。功分器实物如图 4-20 所示。

图4-20　功分器实物

功分器工程应用示意如图 4-21 所示。

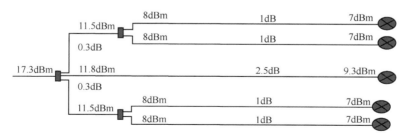

图4-21　功分器工程应用示意

2. 主要指标

功分器的主要技术参数有插入损耗、分配损耗、驻波比、功率分配端口间的隔离度、功率容量和频带宽度等。

频带宽度：这是各种射频 / 微波电路工作的前提，功分器的设计结构与工作频率密切相关。我们必须首先明确功分器的工作频率，才能进行后继的设计。

功率损耗：分为分配损耗和插入损耗。

① 分配损耗：主路到支路的分配损耗实质上与功分器的功率分配比有关，其计算公式为所有路数的输出功率之和与输入功率的比值，一般理想的分配损耗由下式获得：理想分配损耗（dB）=10log（1/N），其中 N 为功分器路数。

② 插入损耗：输入输出端口间的插入损耗是由传输线（如微带线）的介质或导体不理想等因素导致的，且导致与输入端口的驻波比相关的损耗。功分器插入损耗见表 4-4。

表4-4　功分器插入损耗

功分器种类	插入损耗(dB)	分配损耗(dB)	总损耗(dB)
二功分	0.25	3	3.25
三功分	0.30	4.8	5.1
四功分	0.50	6	6.5
八功分	0.80	9	9.8

驻波比：指沿着信号传输方向的电压最大值和相邻电压最小值之间的比率。每个端口的电压驻波比越小越好。

功率容量：电路元件所能承受的最大功率。

隔离度：本振或信号泄露到其他端口的功率和原功率之比。从每个支路端口输入的功率只能从主路端口输出，而不应该从其他支路输出，这就要求支路之间有足够的隔离度，且一般应大于 20 dB。

4.3.4　POI 原理

1. 多系统接入平台（Point Of Interface，POI）概述

POI 主要用于会展中心、展览馆、机场、地铁等大型建筑室内覆盖。该系统运用频率合路器与电桥合路器将多个电信运营商、多种制式的移动信号合路后引入天馈分布系统，达到充分利用资源、节约投资的目的。

POI 在信号传输链路上分为上行 POI 和下行 POI。上行 POI 的主要功能是将不同制式的手机发出的信号经过天线及馈线传输至上行 POI，信号经过 POI 的检测后，被送往不同电信运营商的基站。下行 POI 的主要功能是将各运营商的不同频段的载波信号合成后送往覆盖区域的天馈分布系统。

2. POI 工程应用

POI 在地铁覆盖方案中的应用如下。

地铁包括站间隧道及车站两部分，其中站间隧道需要覆盖的通信系统有中国联通 CDMA、GSM900，中国移动 GSM900、3G 系统、4G 系统，公安消防数字集群系统等 12 个系统；车站需要覆盖的通信系统除上述通信系统外还包括中国移动 DCS1800、中国网通 PHS、WLAN 数字电视及调频广播系统，且系统还要预留 TD-SCDMA 和 CDMA2000 端口。

作为无线通信分布系统的前端设备，POI 是整个分布系统的关键设备，为确保系统的可靠性及各项指标的高性能，我们应着重考虑以下几个重点环节。

① POI 设备为不同网络系统提供系统接口，接口指标满足网络运行要求。POI 处理 800 ～ 2500MHz 带宽内信号，为 3G、4G、WLAN 等系统做预留。POI 天、馈系统端口通过低频接入器融合公安消防集群系统及 FM 广播。

② 由于车站和隧道区域需要覆盖的信号有所差异，因此 POI 设备天、馈端口包括两路通道，一路输出到车站分布系统，一路输出到隧道分布系统。

③ 由于接入的通信系统较多，有些系统间或一个系统内部上、下行频率非常接近，因此采用系统信号分离方案进行覆盖时容易出现干扰，如中国联通的 CDMA 下行信号对中国移动 GSM 上行信号带来的干扰等，如图 4-22 所示。

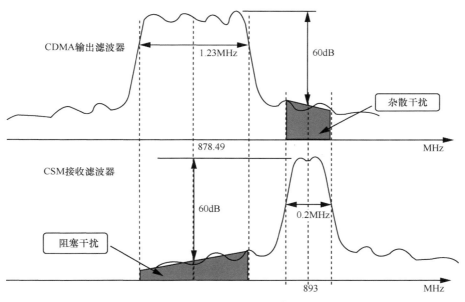

图4-22　POI干扰示意

POI 参数见表 4-5。

表4-5　POI参数

特性阻抗	50Ω
电压驻波比	≤1.3
互调抑制	≥120dBc
功率容量	≥200W
带内波动	≤2dB
上行系统带内损耗	≤6dB
下行系统带内损耗	≤6dB
系统发射/发射隔离度	>30dB
系统发射/接收隔离度	>90dB

（续表）

对外端口	基站端口	中国移动GSM900（4载波，40dBm/载波
		中国联通GSM900（2载波，40dBm/载波
		中国联通GDMA（3载波，40dBm/载波）
		中国网通PHS
		数字电视（690MHz）
		3G（预留）
	天馈端口	收发各2个端口
温度	工作	0℃～50℃
	存储	−20℃～70℃
湿度	工作	0%～95%
	存储	0%～100%

4.3.5 其他无源器件介绍

1. 电桥

电桥是定向耦合器的一种，它作为功率合成器使用时，两路输入信号接入互为隔离端口，而耦合输出和直通输出端口互易，如作为两路输出时，不考虑损耗，输入信号功率之和平分于两路输出口。

电桥实物如图 4-23 所示。

图4-23　电桥实物

电桥工程应用示意如图 4-24 所示。

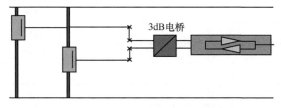

图4-24　电桥工程应用示意

电桥指标参数见表 4-6。

表4-6 电桥指标参数

名称	大功率电桥
型号	RB-NKW0
频率范围	800～2500 MHz
耦合度	3dB (标称)
频带波动	± 0.30dB
插入损耗	<0.3dB
驻波比	<1.2:1
输入隔离度	>28dB
功率容量	200W
峰值功率	0.5kW
阻抗	50Ω
接头	N-K
体积	133mm×40mm×25mm
重量	0.2kg
环境温度	−55℃～+125℃
相对湿度	≤95%

由于电路和加工装配上的离散性，电桥耦合器输入端口的隔离度比较低，因此不适宜应用于不同频段间的合路。异频合路时建议选用双工／多工合路器以改善系统的性能指标，从而增加可靠性。

2. 合路器

在介绍合路器前，我们首先介绍滤波器的概念。滤波器是一种双端口网络，它最基本的作用就是抑制不需要的频率信号，让需要的频率信号通过，起到频率选择的作用。在实际应用中，两个或两个以上的滤波器组合到一起，就成了双工器或合路器，如图 4–25 所示。

合路器是多个滤波器组成的单元,是多端口网络,所有端口均为输入／输出双功能端口。合路器的电性能指标和滤波器的电性能指标基本相同。

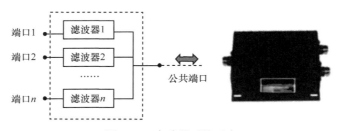

图4-25 合路器系统示意

合路器工程应用示意如图 4–26 所示。

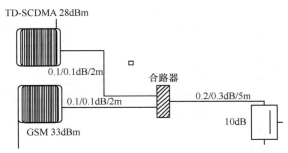

图4-26　合路器工程应用示意

　　合路器将来自收发系统的多个信源如 GSM、CDMA、DCS 等经过合路器合路输出。合路器至少有两个输入端口和一个输出端口，输入端口分别用于输入不同频段的信号，可将多路输入信号合成后传输至输出端口输出。它还具有反向工作模式，特点是合路损耗小、频段间抑制度高、功率容量大、温度稳定性好等。合路器分为同频合路器和异频合路器两种。

　　表 4-7 是合路器的一些典型参数。

表4-7　合路器参数

项目	CDMA	GSM
频率范围	825～880MHz	909～960MHz
带宽	55MHz	51MHz
插入损耗	$0.6dB_{max}$	$0.6dB_{max}$
回波损耗	$18dB_{min}$/20dB典型	$18dB_{min}$/20dB典型
通带波动	$0.4dB_{max}$	$0.4dB_{max}$
带外抑制	$80dB_{min}$(909～960MHz)	$80dB_{min}$(825～880MHz)
输入功率	$300W_{max}$	$300W_{max}$
互调	$-140dBc$ ($+43dBm \times 2$)	$-140dBc$ ($+43dBm \times 2$)
温度	$-30℃～+75℃$	$-30℃～+75℃$
端口类型	标准N型	标准N型

　　在信号的合路上，功分器、电桥、合路器的功能对比如图 4-27 所示。

合路器 （频段合路器）	选频合路器，以滤波多工方式工作，可实现两路以上信号合成，能实现高隔离合成，主要用于不同频段的合路，可提供不同系统间最小的干扰
3 dB电桥 （同频合路器）	同频合路，只能实现两路信号合成，隔离度较低，可实现两路等幅输出
功分器 （功率合成器）	同频合路，可实现多路合成，隔离度较低，只能提供一路输出，受功率容量限制

图4-27　合路器与电桥、功分器功能对比示意

3. 衰减器

　　衰减器是一种提供衰减的电子元器件，广泛地应用于电子设备中，它的主要用途是：①调整电路中信号的大小；② 在比较法测量电路中，可用来直读被测网络的衰减值；③ 改善阻抗匹配，若某些电路要求有一个比较稳定的负载阻抗时，则可在此电路与实际负载阻

抗之间插入一个衰减器,用来缓冲阻抗的变化。

衰减器可以分为两种:固定的和可变的。通常,我们在工程中多采用固定衰减器。目前通信工程中多采用的有 5dB、10dB、15dB、20dB、30dB、40dB 等不同型号的衰减器,我们最关注的衰减器指标是衰减大小、功率容量大小等。需要注意的是,输入信号功率小于衰减器的功率容量。

衰减器参数如图 4-28 所示。

型号	6dB、10dB、15dB、20dB、30dB
插入损耗	6±0.5、10±0.8、15±1.0、20±1.0、30±1.0
频率范围	800~2500MHz
回波损耗	≥20dB
功率容量	2W,峰值功率为0.5kW
温度范围	-40℃~+70℃
端口类型	N型
尺寸	20×50(mm)

型号	30dB、50dB
频率范围	800~2 500MHz
回波损耗	≥20dB
功率容量	50W$_{max}$
温度范围	-40℃~+70℃
端口类型	N型
尺寸	80×52×52(mm)

图4-28 衰减器参数

4. 负载

负载是一种特殊的衰减器,衰减度为无限大。负载终端在某一电路或电器的输出端口,接收电功率的元器件、部件或装置统称为负载。

负载参数如图 4-29 所示。

项目	性能指标
频率范围	800~2500MHz
回波损耗	≥20dB
功率容量	2W$_{max}$
温度范围	-40℃~+70℃
端口类型	N型
尺寸	23×23×31(mm)

项目	性能指标
频率范围	800~2500MHz
回波损耗	≥20dB
功率容量	10/50W$_{max}$
温度范围	-40℃~+70℃
端口类型	N型
尺寸	23×23×31(mm)

· 作用
  ① 防止驻波告警;
  ② 防止驻波烧毁功放

· 使用场景
  室内分布系统具备开通条件,当局部地方暂时不具备施工条件和开通条件时,需要用负载封堵预留功率

· 作用
  ① 防止驻波告警;
  ② 防止驻波烧毁功放

· 使用场景
  ① 10W负载用于PHS基站射频口的封堵;
  ② 50W负载用于CDMA室内覆盖基站在一定场景下的封堵

图4-29 负载参数

▶▶ 4.4 室内分布系统天线介绍

室内天线是移动通信系统天线的一种，主要用于室内信号覆盖。在 4G 时代，室内语音、数据、高速多媒体业务呈现密集分布特征，室内分布系统将在 4G 网络建设和优化中发挥重要的作用。室外信号覆盖采用的是板状天线，其具有功率大、信号强、覆盖广的特点；相对而言，室内覆盖，比如会场、宾馆、写字楼、电影院、住宅楼内等区域覆盖，需要采用室内分布式系统，即采用室内小天线，其外形美观，不影响室内视线，且功率小，覆盖楼层内的区域即可。

4.4.1 室内天线类型介绍

室内天线可分为室内全向天线和室内定向天线两种。

1. 室内全向天线

全向天线是在水平方向图上表现为 360° 均匀辐射的天线，即我们平常所说的无方向性。其在垂直方向图上表现为有一定宽度的波束，一般情况下，波瓣宽度越小，增益越大。室内全向天线适合于需要广泛覆盖信号的设备，它可以将信号均匀分布在中心点周围 360° 全方位区域内，适用于用户密度较大、电线数量较多的情况。室内全向天线实物如图 4-30 所示。

图4-30　室内全向天线实物

2. 室内定向天线

定向天线是指在某一个或某几个特定方向上发射及接收电磁波特别强，而在其他方向上发射及接收电磁波为零或极小的一种天线。采用定向天线的目的是增加辐射功率的有效利用性，增强保密性以及增强信号强度和抗干扰能力。室内定向天线的能量聚集能力较强，信号的方向指向性也较好。我们应注意，在使用时，应集中指向方向与接收设备的角度方位。室内定向天线实物如图 4-31 所示。

定向吸顶天线

图4-31　室内定向天线实物

4.4.2　室内天线原理

1. 室内全向天线原理

吸顶天线由于设计在天线宽带理论的基础上,借助计算机的辅助设计以及网络分析仪,因此能很好地满足很宽的工作频带内的驻波比要求。按照国家标准,在很宽的频带内工作的天线的驻波比指标为 VSWR ≤ 2,当然,如果 VSWR ≤ 1.5 则更好。需要指出的是,室内吸顶天线属于低增益天线。

在室内,由于建筑物材料固有的屏蔽作用,无线信号的穿透损耗增加,因此影响了网络的信号接收和通话质量,如隔墙的阻挡为 5 ~ 20dB,楼层的阻挡在 20dB 以上,家具及其他障碍物的阻挡为 2 ~ 15dB。

通常,建筑物的底层,如地下停车场的信号较弱,手机无法正常使用,会形成移动通信的盲区和阴影区;而在建筑物的中、高层,由于基站天线或网络规划原因,会产生多个强度相近的导频信号,这些导频信号相互干扰而产生导频污染;另外由于高速大容量数据传输的需要,网络会产生硬阻塞或软阻塞。

2. 室内全向天线指标参数

（1）天线的输入阻抗

天线的输入阻抗是天线馈电端输入电压与输入电流的比值。天线与馈线连接的最佳情形是:天线输入阻抗是纯电阻且等于馈线的特性阻抗,这时馈线终端没有功率反射,馈线上没有驻波,天线的输入阻抗随频率的变化呈平缓趋势。天线的匹配工作就是消除天线输入阻抗中的电抗分量,使电阻分量尽可能地接近馈线的特性阻抗。匹配的优劣一般通过 4 个参数来衡量:反射系数、行波系数、驻波比和回波损耗,这 4 个参数之间有固定的数值关系。日常维护中使用较多的是驻波比和回波损耗。一般,移动通信天线的输入阻抗为 50Ω。

（2）驻波比

它是行波系数的倒数,其值介于 1 到无穷大。驻波比为 1,表示完全匹配;驻波比为无穷大表示全反射,完全失配。在移动通信系统中,驻波比一般应小于 1.5,但在实际应用中,驻波比应小于 1.2。过大的驻波比会减小基站的覆盖范围并造成系统内干扰加大,影响基站的服务性能。

（3）回波损耗

它是反射系数绝对值的倒数,以分贝值表示。回波损耗的值为 0 到无穷大,回波损耗的值越小表示匹配越差,回波损耗值越大表示匹配越好。0 表示全反射,无穷大表示完全匹配。在移动通信系统中,回波损耗值一般应大于 14dB。

（4）天线增益

天线增益用来衡量天线朝特定方向收发信号的能力,它是选择基站天线最重要的参数之一。

一般而言,增益的提高主要依靠减小垂直面向辐射的波瓣宽度,而在水平面上保持全向的辐射性能来实现。天线增益对移动通信系统的运行质量影响较大,因为它决定蜂窝边缘的信号电平。增加增益就可以在一确定方向上扩大网络的覆盖范围,或者在确定范围内增大增益余量。任何蜂窝系统的工作都是一个双向过程，增加天线增益能同时减少双向系统增益预算余量。另外，表征天线增益的参数有 dBd 和 dBi。dBi 是相对于点源天线的增益，在各方向的辐射是均匀的；dBd 是相对于对称阵子天线的增益，dBi=dBd+2.15。在相同的条件下，增益越高，电波传播的距离越远。

（5）方向性

天线方向性指的是天线在不同平面的辐射电磁波场强，主要表现为天线的方向图，天线的方向性是天线研究的主要方向。

天线方向图是以天线为中心、某一距离为半径的球面上随空间角度（包括方位角和俯仰角）分布的图形。

天线方向图一般呈花瓣状。最大辐射方向两侧第一个零辐射方向线以内的波束被称作主瓣，与主瓣方向相反的波束被称作背瓣，其余零辐射方向间的波束被称作副瓣或旁瓣，如图 4-32 所示。

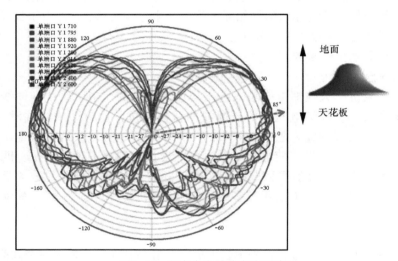

图4-32 室内全向天线方向示意

4.4.3 室内天线安装施工

1. 室内天线安装规范

① 对于收发分缆或双通道室分系统，天线间距安装偏差不应超过设计文件（方案）要求的 5%；设计文件（方案）中天线间距未明确的，天线间距安装偏差不应小于 4λ，宜控制在 $4 \sim 12\lambda$（如果采用 $2320 \sim 2370$ MHz 频段，4λ 约为 0.5 m，12λ 约为 1.5 m）。

② 室内天线的安装位置应符合工程设计要求，天线安装必须牢固、可靠、美观，不破坏室内整体环境。天线被安装在天花板吊顶内时，应预留维护口，如图 4-33 所示。

③ 室内天线安装时应保证清洁。

④ 天线安装处应避免强电，防止信号受到干扰。

⑤ 全向吸顶天线和壁挂天线均要求用天线固定件牢固安装在天花板或墙壁上，电梯内的天线必须用膨胀螺栓牢固固定于电梯井壁；同时，所装天线附近不应有直接遮挡物存

在，天线应尽量远离消防喷淋头。

图4-33　室内天线安装示意

⑥ 室内定向板状天线采用壁挂安装方式或采用定向天线支架安装方式，天线周围不应有直接遮挡物，天线主瓣方向正对目标覆盖区。

⑦ 室内天线安装的天线吊挂高度应略低于梁、通风管道、消防管道等障碍物的高度，以保证天线的辐射特性。吊架和支架的安装应保持垂直，且应整齐牢固，无倾斜现象出现。

⑧ 吸顶天线不应与金属天花板吊顶直接接触，需要与金属天花板吊顶接触安装时，接触面必须加绝缘垫片。天线安装在天花板吊顶内时，仍需通过吊架或支架进行固定，不得随意摆放，并应预留维护口。

⑨ 天线的安装支架应为金属件，并做防锈处理。天线必须安装在手不能轻易触及的地方，但应保证能方便地对其进行维护检查。

⑩ 天线与吊顶内的馈线连接应良好，并用扎带固定。

⑪ 天线的上方应有足够的空间接馈线，连接天线的馈线接头必须用手拧紧，用扳手拧动的范围不能大于 1 圈，但必须保证拧紧。

⑫ 需要固定件的天线，固定件捆绑所用扎带不可少于 4 条，要做到布局合理、美观。安装天线的接头必须使用防水胶带做好防水，然后用塑料黑胶带缠好，胶带缠绕应平整、少皱、美观。

⑬ 室外天线的各类支撑件应保证牢固，铁杆垂直、横担水平、铁件材料做防氧化处理。

⑭ 室外天线与跳线接头应做防水处理。连接天线的跳线呈现"滴水弯"形状。

2. GPS 天馈线安装

① GPS 天线的安装属于各电信运营企业考虑的范围，本验收标准只提出 GPS 天线安装的技术标准，供验收时参考，但不纳入验收项目。GPS 馈线安装则属于铁塔公司的业务范围，需纳入验收范围。

② GPS 天线必须垂直安装，垂直角度各向偏差不得超过 1°。

③ GPS 天线安装应稳固，天线安装位置竖直向上，视角不小于 90°的视野内应无遮挡（天线和避雷针除外），条件允许时，建议视角扩充到 120°。

④ 在屋顶上安装 GPS 天线时，应在避雷针 45°保护范围之内。

⑤ 在支架上安装 GPS 天线时，天线底部应高出抱杆顶部。

⑥ 为避免反射波的影响，GPS 天线附近不应存在较大的反射面。

⑦ 应确保 GPS 天线周边不存在大功率的微波发射天线、高压输电电缆以及电视发射

塔的发射天线等电磁干扰源，干扰功率不应超过 –90dBm。

⑧ GPS 接收机的信号应可同时稳定接收 4 颗星（含）以上且每颗星的信噪比大于 40。

⑨ 多个 GPS 天线同时放置时，天线间距应适宜。

⑩ GPS 天、馈线缆与抱杆进行固定（采用黑色防紫外线扎带），扎带头的朝向一致，扎带的间距均匀，所有线扣必须齐根剪平不拉尖。GPS 馈线从室外进入室内前需做"滴水弯"状，防止室外雨水倒灌进入机房。

⑪ GPS 1/2″ 超柔馈线长度超过 120 m 时，建议增加 RF 放大器，并根据放大器的插入损耗适当缩短馈线长度。

具体安装场景见表 4-8。

表4-8　安装场景

场景	场景描述		建议使用	备注
场景一	1个BBU单独使用1套GPS天、馈线系统时，不需要使用分路器	馈线长度1（1～50 m）	使用RG-8U馈线	该场景具体使用方法：放大器放置于第1根馈线和第2根馈线之间；第1根馈线的长度满足50～150 m时（注明：不能超过场景应用长度），第2根馈线长度为场景应用长度与第1根馈线长度之差
		馈线长度2（51～120 m）	使用1/2″ 超柔馈线	
		馈线长度3（121～250 m）	使用1/2″ 超柔馈线+1个GPS放大器	
场景二	2个BBU共享使用1套GPS天、馈线系统时，需用1个2路功分器；功分器位于BBU侧避雷器后方	馈线长度1（1～100 m）	使用1/2″ 超柔馈线+2路功分器	
		馈线长度2（101～230 m）	使用1/2″ 超柔馈线+1个GPS放大器+2路功分器	
场景三	3个或者4个BBU共享使用1套GPS天、馈线系统时，需要使用一个4路功分器，功分器位于BBU侧避雷器后方	馈线长度1（1～80 m）	使用1/2″ 馈线+4路功分器	该场景具体使用方法：放大器放置于第1根馈线和第2根馈线之间；第1根馈线的长度满足50～150 m（注明：不能超过场景应用长度）时，第2根馈线长度为场景应用长度与第1根馈线长度之差
		馈线长度2（81～210 m）	使用1/2″ 超柔馈线+1个GPS放大器+4路功分器	

▶▶ 4.5　室内分布系统馈线安装

馈线类型介绍

馈线是连接天线与收、发信机之间的电磁传输线，馈线应具有不向外辐射能量、损耗小和工作效率高的特点，可使发射机的能量尽可能多地被馈送到天线，且具有足够的功率容量和耐压。同轴电缆馈线损耗小、抗干扰性强，常用同轴电缆的特性阻抗为 75Ω 和 50Ω，常用的同轴电缆由内导体、绝缘层、屏蔽层和外保护层等组成。

1. 馈线安装规范

（1）线缆布放的一般要求

① 线缆的规格、型号应符合工程设计要求。

② 所放线缆应顺直、整齐，线缆拐弯应均匀、圆滑一致，按顺序布放捆扎。

③ 线缆两端应有明确的标志，每隔 3 ～ 5 m 贴一次标签。

（2）射频同轴电缆的布放和电缆头的安装

① 射频同轴电缆的布放应牢固、美观，不得有交叉、扭曲、裂损等情况。

② 需要弯曲布放时，弯曲角应保持圆滑均匀，其弯曲曲率半径在常温（−20℃～ +60℃）下不超过表 4-9 的规定。

表4-9　射频同轴电缆弯曲半径要求

电缆名称	最小弯曲半径（单次弯曲的半径）	最小弯曲半径（多次弯曲的半径）
1/4″超柔馈线	12 mm	25 mm
1/4″馈线	40 mm	80 mm
3/8″超柔馈线	15 mm	50 mm
3/8″馈线	30 mm	100mm
1/2″超柔馈线	60 mm	110 mm
1/2″馈线	140 mm	250 mm
5/8″馈线	100 mm	200 mm
7/8″软馈线	170 mm	260 mm
7/8″馈线	240 mm	500 mm
7/8″低损耗馈线	150 mm	275 mm
5/4″馈线	200 mm	380 mm
13/8″馈线	280 mm	500 mm

③ 射频同轴电缆所经过的线井应为电气管井，不得使用风管或水管管井。

④ 射频同轴电缆应避免与高压管道和消防管道一起布放走线，确保没有强电、强磁的干扰。

⑤ 射频同轴电缆应尽量在线井和吊顶内布放，并用扎带进行牢固固定，馈线不应沿建筑物避雷线捆扎。

⑥ 与设备相连的射频同轴电缆应用线码或馈线夹进行牢固固定。

⑦ 射频同轴电缆布放时不能强行拉直，以免扭曲内导体。

⑧ 射频同轴电缆的连接头必须牢固安装，且保证接触良好，并做防水密封处理。

⑨ 射频同轴电缆在天花板吊顶或井道里通过时，如果已经做接头需把接头封好，以免有污物进入接头。

⑩ 馈线不应长距离架空布放，必须每隔 1.5 m 安装一个馈线吊架或做拉线悬挂。

⑪ 线缆不能在消防管道、热力管道、通风管道及其他管线上布放、捆扎。

⑫ 馈线在进行扎带捆扎时，扎带扎紧后多余部分必须剪去。

⑬ 射频同轴电缆绑扎固定的间隔要求见表 4–10。

表4-10 射频同轴电缆绑扎固定的间隔要求

布放方式	≤1/2″ 线径	>1/2″ 线径
水平布放时	≤1.0 m	≤1.5 m
垂直布放时	≤0.8 m	≤1.0 m

⑭ 电缆头的规格型号必须与射频同轴电缆相吻合。

⑮ 电缆冗余长度应适度，各层的开剥尺寸应与电缆头匹配。

⑯ 电缆头的组装必须保证电缆头口面平整，无损伤、变形，各配件完整无损；电缆头与电缆的组合良好，内导体的焊接或插接应牢固可靠，电气性能良好。

⑰ 芯线为焊接式的电缆头，焊接应牢固端正，焊点光滑，无虚焊、气泡，不损伤电缆绝缘层；焊剂宜用松香酒精溶液，严禁使用焊油。

⑱ 芯线为插接式的电缆头，组装前应将电缆芯线（或铜管）和电缆头芯子的接触面清洁干净，并涂防氧化剂后再进行组装。

⑲ 电缆施工时应注意对端头的保护，不能进水、受潮；暴露在室外的端头必须用防水胶带进行防水处理；已受潮、进水的端头应锯掉。

⑳ 连接头在使用之前严禁拆封；安装后必须做好绝缘防水密封。

㉑ 现场制作电缆接头或其他与电缆相接的器件时，应有完工后的驻波比测试记录，组装好电缆头的电缆反射衰减（在工作频段内）应满足设备和工程设计要求。

㉒ 所有 7/8″ 的射频同轴电缆要用粗扎带捆扎，没有用 PVC 管的地方要用黑色扎带，有白色 PVC 管的地方用白色扎带；两条以上的射频同轴电缆要平行放置，每条线单独捆扎。

㉓ 线不应太长而盘踞在器件周围，必须做到在确定好射频同轴电缆长度后再锯掉多余的长度，较短的连线要先量好以后再铺设，不要因为不易连接而出现急弯。

㉔ 室外馈线进入室内应有"滴水弯"或斜向上走线；进出口的墙孔应用防水、阻燃的材料进行密封。

2. 泄漏电缆布放规范

① 泄漏电缆的布放除了满足射频同轴电缆布放要求外，安装位置、安装方式也必须符合工程设计要求，如安装位置需要变更，必须征得方案设计负责方和建设单位的同意，并办理设计变更手续。

② 泄漏电缆布放的最小弯曲半径、最大张力和固定夹最小间隔等要求应满足相应的技术指标。

③ 泄漏电缆布放时，不应从锋利的边或角上划过。如果不得不将泄漏电缆长距离地从地面或小的障碍物上拉过，应使用落地滚筒。

◆ 4.6　室内分布系统设备安装

4.6.1　室内分布系统设备安装规范

主机安装

（1）安装环境

① 安装位置必须保证无强电、强磁和强腐蚀性设备的干扰。

② 主机安装场所应干燥、灰尘少且通风良好。

③ 主机安装位置应便于馈线、电源线、地线的布线。

④ 主机尽量安装在室内，安装主机的室内不得放置易燃品；室内温度、湿度不能超过主机工作温度、湿度要求的范围。

（2）安装方式

① 主机挂壁式安装时，主机底部距离地面应在 1 m 以上，在交换机房等特殊机房内安装时，主机底部或顶部应与其他原有壁挂设备底部或顶端保持在同一水平线上。

② 主机采用落地式安装方式时，龙门架底座或主机座应与墙壁距离应保持 0.8m，在交换机房等特殊专用设备机房内安装时，主机应与原有设备保持整体协调。

（3）主机挂架的安装

① 主机挂架的安装位置应符合设计方案的要求，且应保证垂直、牢固。

② 主机挂架底部与地面距离应达到 1.5 m 以上。

③ 挂壁主机外部的布线，遵循横平竖直的布线原则。

④ 主机、分机的跳接馈线、电源线、地线均置于 100mm×60mm 的线槽内走线。

⑤ 主机走线槽安装分 A、B、C 3 种标准类型。

A 类型为单台主机布线线槽的安装，主机下方线槽相距主机底部 150mm 水平安装，线槽长度与主机同宽。主机侧面线槽距离主机侧面 20mm 垂直安装于主机左、右侧面均可，线槽下端延伸至与接地排同高，上端延伸至所需位置，如图 4-34 所示。

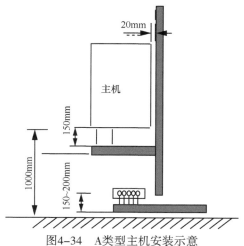

图4-34　A类型主机安装示意

B 类型为单台主机及覆盖端主机布线线槽的安装。主机上、下端均安装线槽，与主机相距 150mm 水平安装。主机侧面线槽距离主机 20mm 垂直安装于主机左、右两侧均可，线槽下端延伸至与接地排同高，上端延伸至所需位置，如图 4-35 所示。

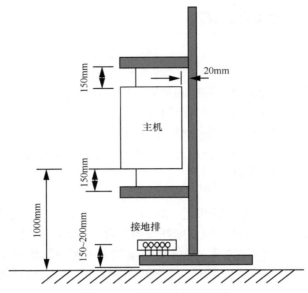

图4-35　B类型主机安装示意

C 类型为多台主机布线线槽的安装。主机四周均安装线槽，主机上、下端线槽与主机相距 150mm 水平安装。两侧的线槽与主机相距 20mm 垂直安装，其中，侧线槽下端延伸至与接地排同高，线槽上端延伸至所需位置，如图 4-36 所示。

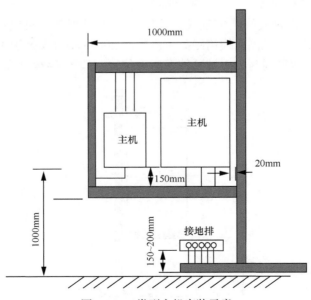

图4-36　C类型主机安装示意

⑥ 线槽内走线均用走线排及 2.5 mm × 100 mm 扎带固定,水平/垂直走线必须平直美观,走线固定间距为 300mm。

⑦ 主机接地排安装于主机下方, 距地面 150 ~ 200 mm 紧靠垂直线槽水平固定。

⑧ 所有线头标签均距线槽 10mm 贴于馈线、地线、电源线上,标签字体朝上。

⑨ 主机保护地、室内馈线接地,分别用横截面为 16mm^2 地线引至主机下端接地排上,再用横截面为 35mm^2 地线从接地排引至地网。

（4）相关材料

① 线槽规格为 100mm × 60mm, 颜色为白色。

② 走线排为镀锌铁片, 其规格为 90mm × 10mm × 1.5mm。

③ 接地排规格为: 300mm × 40mm × 5mm。

④ 母地线: 横截面为 35 mm^2 橡胶皮包线;子地线横截面为 16 mm^2 橡胶皮包线。

4.6.2　室内分布系统设备安装施工

① 安装位置、设备型号必须符合工程设计要求。

② 安装位置应便于调测、维护和散热。

③ 应确保安装位置附近无强电、强磁、强腐蚀性设备。

④ 有源器件安装位置必须远离易燃、易爆物品。

⑤ 安装时用相应安装件牢固固定。

⑥ 所有设备单元应正确、牢固地安装,且保证无损伤、掉漆现象出现。

⑦ 光纤、有源系统主机单元各模块安装数量应符合设计方案要求。

⑧ 有源器件原则上不使用电源插排供电,使用空开电表箱;若特殊情况需要使用电源插板, 至少有两芯及三芯插座各一个, 工作时放置于不易触摸到的安全位置, 未使用的插座应进行必要的封口。

⑨ 设备必须接保护地。

⑩ 有源设备不允许空载加电。

⑪ 设备安装场所需清洁、无灰尘。

⑫ 所有外部电缆连接要求良好, 不能有松动现象。

⑬ 基站电源线与信号线分开布放。

⑭ 基站空余端口安装匹配负载。

⑮ 每个有源器件应有清晰明确的标识。

室内主机设备实际安装如图 4-37 所示。

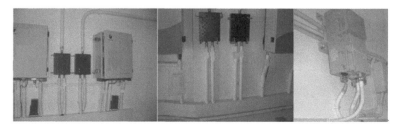

图4-37　室内主机设备安装示意

◆◆ 4.7 室内分布系统竣工验收

4.7.1 室内分布系统验收规范

1. 工程初验

（1）初验要求

① 测试环境、测试工具及测试方法应遵守国家相关规定。

② 测试过程应有建设单位、监理单位（或建设单位的随工代表）、施工单位、供货单位的相关技术人员共同参与。

③ 初验测试由施工单位负责。

④ 有重大缺陷或质量问题的工程不能通过初验，相关人员需确认此工程的重大缺陷或质量问题已解决，再重新组织初验；在初验期间发现的一般问题，由建设单位责令施工单位进行整改和解决，初验问题全部解决后，建设单位应当组织施工、监理等单位对工程重新进行检查、确认，并在施工单位提交的相关报告上签字盖章，此时，工程方可通过初验。

（2）信源设备检查测试

① 信源调测在分布系统中占有比较重要的地位，信源的好坏直接影响系统性能，因此应选择相对应系统的测试项目和方法对信源设备的性能指标进行验收测试，各项测试结果应满足技术指标要求。

② 基站系统信源设备检查测试。信源设备的输出功率、容量配置应符合设计文件（方案）的要求。信源设备的测试项目包括硬件、软件及相关参数（工作状态、载波的工作频率、发射功率、告警等）测试。

（3）室内分布系统检查测试

1）驻波比测试

根据设计文件上标示的驻波比测试点进行测量，要求抽查各根天线及各段馈线。

① 从基站信号引出处开始测试，如前端未接任何有源器件或放大器，则驻波比应小于 1.5；若中间有放大器或有源器件，在放大器输入端处增加负载或天线，所有有源器件应改为负载或天线再进行驻波比测试。

② 在管井主干电缆与分支电缆连接处测试得到的天线端的驻波比应小于 1.5。

③ 从放大器输出端测试至末端的驻波比，若前端未接任何放大器或有源器件，则驻波比应小于 1.5。

④ 核对各段馈线长度与竣工文件中要求的一致性，误差范围应在 5% 以内。

2）噪音电平

在基站接收端位置测试上行噪音电平，噪音电平应小于 −118 dBm。

3）天线口输出功率

同一类型的分布天线口输出功率基本一致，功率差异值不大于 5dB，天线口输出功率应符合环评要求，最高不超过 15dBm，与设计值偏差不大于 3dB。

按照设计图纸进行抽查测试，测试的点位原则上不少于总点位的 10%。

4）双路功率平衡

按照楼层抽测组成 MIMO 天线阵的两个单极化天线的天线口功率差异值不应大于 5 dB，抽查比例由省分公司自行确定。

5）室分小区互调干扰测试

天、馈线系统反射式互调直接影响基站小区上行干扰情况，反射式互调由天、馈线系统中的跳线、馈线连接器、馈线及天线中最差组件决定，POI、单个无源器件如天线、耦合器、合路器、负载等 3 阶互调值应符合设计要求。

（4）各系统性能指标测试

1）网络制式及频率

各网络制式及频率比较见表 4-11。

表4-11　网络制式及频率

运营商	网络制式	上下行带宽（MHz）	下行频段（MHz）	上行频段（MHz）
中国移动	GSM900MHz	40	934～954	889～909
	DCS1800MHz	50	1805～1830	1710～1735
	TD-SCDMA TD-LTE	40	F频段：1880～1920	
		15	A频段：2010～2025	
		50	E频段：2320～2370	
中国联通	GSM900MHz WCDMA900MHz	12	954～960	909～915
	DCS1800MHz LTE FDD	60	1830～1860	1735～1765
	WCDMA2100MHz	30	2130～2145	1940～1955
	TD-LTE	20	2300～2320	
中国电信	CDMA800MHz	20	870～880	825～835
	LTE FDD	30	1860～1875	1765～1780
		30	2110～2125	1920～1935
	TD～LTE	20	2370～2390	

注：WLAN主要在末端合路，表中不含WLAN系统

2）无线覆盖边缘场强

运营商覆盖场强见表 4-12。

表4-12　运营商覆盖场强

序号	电信运营企业	网络制式	参考指标	覆盖电平（dBm）	有效覆盖率
1	中国移动	GSM 900MHz	RxLev	−85	95%
2		DCS 1800MHz	RxLev	−85	95%
3		TDD LTE	RSRP/ RS-SINR	RSRP≥−105dBm且 RS-SINR≥6dB	95%
				RSRP≥−95dBm且RS-SINR≥9dB	

（续表）

序号	电信运营企业	网络制式	参考指标	覆盖电平（dBm）	有效覆盖率
4	中国联通	GSM 900MHz	RxLev	-85	95%
5		WCDMA 2100MHz	RSCP	高速数据密集区域≥-85dBm 低速数据区域≥-90dBm 语音电话区域≥-95dBm	95%
6		DCS 1800MHz	RxLev	-85	95%
7		FDD LTE（1.8GHz）（双通道）	RSRP/ SINR	高标准区域： RSRP≥-100dBm且SINR>6dB 一般标准区域： RSRP≥-105dBm且SINR>4dB 低标准区域： RSRP≥-110dBm且SINR>2dB	95%
		FDD LTE（1.8GHz）（单通道）	RSRP/ SINR	高标准区域： RSRP≥-100dBm且SINR>5dB 一般标准区域： RSRP≥-105dBm且SINR>3dB 低标准区域： RSRP≥-110dBm且SINR>1dB	
8	中国电信	CDMA	Rxpower	-82	95%
9		FDD LTE	RSRP	RSRP≥-110dBm且SINR>3dB	95%

注：①表中结果作为室内分布系统覆盖设计的参考，应根据建筑物内部不同的功能区、不同的用户需求等进行差异化的设计，如会议室、营业厅等区域覆盖电平可适当加强，电梯、地下停车场等区域覆盖电平可适当减弱；

②WLAN系统根据需求仅在热点区域进行覆盖，覆盖电平宜不低于-75dBm

3）接通率

在无线覆盖区内，95%的位置、99%的时间，移动台可接入网络。

4）无线信道呼损

语音业务呼损不大于2%，数据业务呼损不大于5%。

5）主要业务性能测试

初验的测试工作由被验单位负责完成。测试内容主要包括性能测试、业务验证及网络性能等。测试规范详见各电信运营企业的测试规范。

a. 中国移动

a）GSM 系统

语音质量

在通话过程中语音清晰无噪音、无断续、无串音、无单通等现象出现。语音质量等级95%要不大于3级，语音质量等级不允许出现7级。

EDGE 功能测试

WAP 定点测试的测试内容包括：FTP 上载 / 下载、WAP、流媒体业务等。

在测试小区定义 4 个支持 EDGE 的 E-PDCH 信道，并在 BSC 开启相关功能。单时隙理论最大速率（RLC 层）为 59.2 kbit/s。

b）TD-LTE 系统

应用层平均下载速率（定点）

FTP 应用层下载速率 >40 Mbit/s（单流，3∶1）；

FTP 应用层下载速率 >30 Mbit/s（单流，2∶2）；

FTP 应用层下载速率 > 60 Mbit/s（双流，3∶1）；

FTP 应用层下载速率 > 50 Mbit/s（双流，2∶2）。

BLER ≤ 10%。

应用层平均上传速率（定点）

FTP 应用层上传速率 >8 Mbit/s（单流、双流，时隙比 D∶U 为 3∶1 配置）

FTP 应用层上传速率 >15 Mbit/s（单流、双流，时隙比 D∶U 为 2∶2 配置）

BLER ≤ 10%

b. 中国联通

a）GSM 系统

GSM 系统验收要求见表 4-13。

表4-13　GSM系统验收要求

序号	验收项目	验收类别	验收要求
1	覆盖测试	业务覆盖测试	参见中国联通《测试规范》
2		上、下行链路覆盖平衡测试	
3	切换测试	室、内外切换	
4		电梯内、外切换	
5		地下停车场内、外切换	
6	干扰测试	本系统下行对上行的干扰	
7		室外对室内的干扰	
8		室内对室外的干扰	
9		天线输入端口功率	
10		天线系统驻波比	

b）WCDMA 系统

WCDMA 系统验收要求见表 4-14。

表4-14　WCDMA系统验收要求

序号	验收项目	验收类别	验收要求
1	基本功能	AMR12.2K	参见中国联通《测试规范》
2		CS VP	
3		PS128K	
4		HSDPA	
5		HSUPA	
6	覆盖测试	导频覆盖测试	
7		业务覆盖测试	
8		上、下行链路覆盖平衡测试	

（续表）

序号	验收项目	验收类别	验收要求
9	切换测试	室内、外切换 AMR12.2K	参见中国联通《测试规范》
10		室内、外切换 CS VP	
11		室内、外切换 PS128K	
12		电梯内、外切换 AMR12.2K	
13		电梯内、外切换 CS VP	
14		电梯内、外切换 PS 128K	
15		地下停车场内、外切换 AMR12.2K	
16		地下停车场内、外切换 CS VP	
17		地下停车场内、外切换 PS 128K	
18	干扰测试	本系统下行对上行的干扰	
19		室外对室内的干扰	
20		室内对室外的干扰	
21		天线输入口功率	
22		天线系统驻波比	

c）FDD-LTE

FDD-LTE 系统验收要求见表4-15。

表4-15　FDD-LTE系统验收要求

序号	类别	指标	定义	验收要求
1	覆盖指标（双通道）	小区下行边缘速率	FDD速率>6Mbit/s的百分比	90%
2		小区上行边缘速率	FDD速率>2Mbit/s的百分比	90%
3		小区下行平均吞吐率	每个小区所有测试点的下行平均速率（Mbit/s）	50
4		小区上行平均吞吐率	每个小区所有测试点的上行平均速率（Mbit/s）	35
5		单用户下行峰值速率	通过路测工具统计的MAC 层速率（使用类别3终端）（Mbit/s）	90
6		单用户上行峰值速率	通过路测工具统计的MAC 层速率（使用类别3终端）（Mbit/s）	45
7	覆盖指标（单通道）	小区下行边缘速率	FDD速率>4Mbit/s的百分比	90%
8		小区上行边缘速率	FDD速率>2Mbit/s的百分比	90%
9		小区下行平均吞吐率	每个小区所有测试点的下行平均速率（Mbit/s）	35
10		小区上行平均吞吐率	每个小区所有测试点的上行平均速率（Mbit/s）	30
11		单用户下行峰值速率	通过路测工具统计的MAC 层速率（使用类别3终端）（Mbit/s）	45
12		单用户上行峰值速率	通过路测工具统计的MAC 层速率（使用类别3终端）（Mbit/s）	45

（续表）

序号	类别	指标	定义	验收要求
13	接入类	RRC 连接建立成功率	RRC连接建立成功率=RRC连接建立成功次数 / RRC连接建立请求次数×100%	≥99%
14		E-RAB连接建立成功率	ERAB连接建立成功率=ERAB连接建立成功次数 / ERAB连接建立尝试次数×100%	≥99%
15		CSFB呼叫成功率（LTE主叫，WCDMA被叫）	CSFB呼叫成功率=呼叫成功次数/呼叫尝试次数×100%	≥98%
16		CSFB呼叫成功率（LTE主叫，LTE被叫）	CSFB呼叫成功率=呼叫成功次数/呼叫尝试次数×100%	≥98%
17		CSFB接入时延（LTE主叫，WCDMA被叫）	MO方式（主叫发起CSFB流程，被称作WCDMA）；时延定义：从UE在LTE侧发起Extend Sevice Request 消息开始，到在WCDMA侧收到ALERTING 消息为止	≤5.2s
18		CSFB 接入时延（LTE主叫，LTE被叫）	MO方式（主叫发起CSFB 流程，被称作LTE）；时延定义：从UE 在LTE 侧发起Extend Sevice Request 消息开始，到在WCDMA 侧收到ALERTING 消息为止	≤6.2s
19		ping 包成功率（32 Byte）	基于给定样本数（建议不少于100次）的ping 包成功率	≥98%
20		ping包成功率（1500 Byte）		≥98%
21		ping包平均时延（32Byte）	基于给定样本数（建议不少于100次）的从发出PING Request 到收到PING Reply 之间的时延平均值	≤30ms
22		ping包平均时延（1 500 Byte）		≤40ms
23	保持类	数据业务掉线率	业务掉话次数/业务接通次数×100%	≤0.5%
24	移动性	室内、外切换	LTE 至LTE 切换成功次数/ LTE至LTE 切换尝试次数×100%	≥98%
25		室内、外切换	LTE至WCDMA切换成功次数 / LTE至WCDMA切换尝试次数×100%	≥98%
26		电梯内、外切换	LTE 异频切换成功次数/异频切换尝试次数×100%	≥98%
27		地下停车场内、外切换	LTE 至LTE 切换成功次数/ LTE至LTE 切换尝试次数× 100%	≥98%
28		地下停车场内、外切换	LTE至WCDMA切换成功次数 / LTE至WCDMA切换尝试次数×100%	≥98%

c.中国电信

a）CDMA 系统

语音质量

语音质量等级 MOS 值：室内分布系统设计范围内 MOS 值 >4 级（含 4 级）测试点的数量应占 95% 以上。

数据业务

标准层、群楼：边缘速率大于 300kbit/s；

电梯、地下室：边缘速率大于 150kbit/s。

b）FDD LTE 系统

DT 测试

在室内分布系统楼层进行 DT 测试，验证室内分布系统覆盖质量和覆盖效果是否符合验收要求。吞吐率指标要求如下：单路室分平均下行速率 ≥ 30Mbit/s，上行速率 ≥ 10Mbit/s；双路室分平均下行速率 ≥ 50Mbit/s，上行速率 ≥ 10Mbit/s。

CQT 测试

在室内分布系统楼层对 LTE 网络进行 CQT 测试，验证室内分布系统 LTE 的覆盖效果和上、下行速率是否符合验收要求。吞吐率指标要求如下：单路室分下行速率 ≥ 30Mbit/s，上行速率 ≥ 10Mbit/s；双路室分下行速率 ≥ 50Mbit/s，上行速率 ≥ 10Mbit/s。

6）信号外泄要求

信号外泄要求见表 4-16。

表4-16 信号外泄要求

序号	电信运营企业	网络制式	参考指标	室外10m处信号电平（dBm）
1	中国移动	GSM 900MHz	RxLev	−90
2		DCS 1800MHz	RxLev	−90
3		TDD LTE	RSRP	−110
4	中国联通	GSM 900MHz	RxLev	−90
5		WCDMA 2100MHz	RSCP	−90
6		DCS 1800MHz	RxLev	−90
7		FDD LTE（1.8GHz）	RSRP	−115
8	中国电信	CDMA	Rxpower	−90
9		FDD LTE（1.8GHz）	RSRP	−115

注：表中结果作为室内分布系统覆盖设计的参考，一般在室外10m处室内小区外泄的信号电平应比室外主小区低10dB

（5）初验资料移交

初验测试阶段，相关人员应对全套技术文件进行清点和移交，包括系统文件、计划文件、硬件设备技术文件、软件系统技术文件、安装和测试文件、维护和操作文件及其他必要的技术文件。

工程终验要求如下。

1）竣工技术文件

① 工程验收前，施工单位向建设单位提交竣工技术文件，要求为一份纸质文件、一份电子档文件。

② 竣工技术文件应包括以下内容。

a）工程竣工图：利用原施工图纸改绘，个别变动较大或原设计施工图已无法改绘时，应重新绘制。

b）建筑安装工程量总表。

c）工程说明。

d）测试记录。

e）随工质量检查记录。

f）工程变更单。

g）洽商记录。

h）重大工程质量事故报告表（根据实际发生编制）。

i）已安装设备明细表。

j）开工报告。

k）停（复）工通知（根据实际发展编制）。

l）交工通知。

m）交接书。

n）验收证书。

o）备考表。

③ 竣工技术文件应符合下列要求。

a）内容齐全：应符合工信部颁发的施工验收办法和要求，文件资料应齐全。

b）准确：竣工图纸、测试记录应图实相符、数据正确。

c）清楚：资料的撰写应清楚。

2）验收要求

终验时，对发现的质量不合格项目，验收小组应查明原因、分清责任、提出处理意见，责任单位按要求处理后项目方可通过终验。

4.7.2　室内分布系统竣工文件制作

1. 室内分布系统竣工文件的组成

室内分布系统竣工文件包含以下内容：

① 施工组织设计（方案）报审表；

② 开工报告；

③ 工程质量报验表；

④ 工程材料报验表；

⑤ 安装设备明细表；

⑥ 工程设计变更单；

⑦ 重大工程质量事故报告表；

⑧ 停（复）工报告；

⑨ 交（完）工报告；

⑩ 室内分布系统竣工图纸；

⑪ 随工验收、隐蔽工程检查签证记录；

⑫ 测试记录目录及测试记录表；

⑬ 天、馈线系统驻波比测试表；

⑭ 室内覆盖系统基站、室内设备安装预验收表；

⑮ 室内分布系统验收申请表；

⑯ 初验报告；

⑰ 竣工结算造价文件；

⑱ 终验验收证书（含终验报告）；

⑲ 竣工移交证书；

⑳ 重大质量事故报告；

㉑ 室内分布系统移交内容。

2. 竣工文件制作规范

（1）工程概况

工程概况应详细说明站点工程量、施工难度、站点覆盖情况，并说明本工程竣工资料，资料应分站装订，每站资料包括竣工文件、测试记录、竣工决算。

（2）施工组织设计（方案）报审表

致：中国××××公司工程建设部

我方已根据施工合同的有关规定完成了（填写建设站点）工程施工组织设计（方案）的编制，并经我单位上级技术负责人审查批准，请予以审查。

附：施工组织设计（方案）

（3）开工报告

详细描述主要工程内容，并说明工程准备情况和存在的主要问题（提前或推迟开工的原因都要如实填写）。

（4）工程质量报验表

该工程的分项工程验收合格后，可组织正式验收，如该工程的分项工程验收不合格，便不能组织正式验收，需整改并重新报验。

（5）工程材料报验表

施工方应如实填写工程材料报验表，同时，施工方已经完成自检且材料合格后，才能提请监理单位及建设单位予以审查和验收。

（6）安装设备明细表

详细填写安装地点、设备位置、设备名称、设备型号、生产厂家、集采厂家、使用数量、供货单位等内容。

（7）工程设计变更单

填写原图纸名称和图号、变更后图纸名称及图号；原设计规定的内容、变更后设计规定的内容；变更设计的原因、原工程量及预算、变更后的工程量及预算。

（8）重大工程质量事故报告表

填写发生事故的时间、报告时间、发生事故情况及原因分析、责任单位及责任人。

（9）停（复）工报告

填写计划停（复）工时间、实际停（复）工日期、停（复）工的主要原因及采取的措施和建议。

（10）交（完）工报告

填写工程完成情况、工程质量自检情况，并说明交（完）工日期。

（11）随工验收、隐蔽工程检查签证记录

填写随工验收项目、质量评定；填写隐蔽工程检查质量评定并说明工程量及工程预算费用。

（12）测试记录目录及测试记录表

填写外观检查记录、电压测试记录、驻波比测试记录、接地线地阻测试记录。

（13）天、馈线系统驻波比测试表

详细填写测试楼层、测试点位、起始端、终止端、馈线类型、测试长度等内容，并记录驻波比数据

（14）室内覆盖系统基站、室内设备安装预验收表

按照验收项目、验收内容及标准、验收结论、验收检查责任单位的要求进行填写，并要求预验收单位、监理单位、建设单位签字盖章。

（15）室内分布系统验收申请表

填写申请验收单位信息、施工单位、工程总投资、工程资料完整情况、存在的主要问题等信息，并由申请单位、批准单位、监理单位签字盖章。

（16）初验报告

填写工程竣工图纸情况、工程验收意见及施工质量（工艺、设备质量、无线覆盖质量、是否按设计施工等）信息，并由设计单位、建设单位、施工单位、监理单位签字盖章。

（17）竣工结算造价文件

填写参加验收单位信息，并出具验收意见及施工质量评语，由建设单位、设计单位、监理单位、施工单位签字盖章。

（18）终验验收证书（含终验报告）

详细填写覆盖效果、信号质量、安装工艺等与初验的比较结果。初验后是否出现故障及故障解决情况。工程终验意见，由接收验收人员及施工单位验收人员签字确认，再由接收部门、施工单位、监理单位签字盖章。

（19）竣工移交证书

兹证明承包单位：集成厂家承包的（填写建设站点）工程已按合同要求完成，并验收合格，即日起该工程移交给建设单位管理，并进入保修期。

（20）重大质量事故报告

详细记录事故发生情况、报告时间及发生事故的主要原因，由建设单位、承包单位、监理单位签字盖章确认。

（21）室内分布系统移交内容

详细填写工程概况、主设备情况，天、馈线系统安装情况、用电情况、无线系统参数记录等内容。

项目总结

本章主要讲解了室内分布系统的系统组网技术、信源组成、天线安装及应用、馈线类型及应用、工程实施过程、工程规范、验收规范、竣工文件内容及文本制作等主要内容。通过本章的学习，学生可以掌握当前室内分布系统工程实施的主要技术及建设流程，可为提升实践能力打下坚实的基础。

思考与练习

1. 信源有哪些类型?
2. 室内分布系统建设的主要作用是什么?
3. 无源器件的种类有哪些?
4. 功分器和合路器有什么区别?
5. 耦合器的原理是什么?
6. 馈线施工需要注意哪些细节?
7. 竣工文件的内容包含什么?

拓展训练

训练题:请设计一份高层建筑的室内分布系统施工竣工文件。

实 训 篇

项目 5　仪器仪表的操作

项目引入

　　仪器仪表为通信工程建设问题处理提供检测、计量、监测和控制装置、设备与技术的综合性工程领域，为通信技术的发展提供了重要的物质技术保障。仪器仪表是人类获取信息、认识自然、改造自然的重要工具。随着电子学技术、通信技术、计算机及软件技术的飞速发展，以及新材料、新工艺的不断出现，不仅充实和丰富了仪器仪表工程学科领域的基础，而且拓宽和发展了本学科的研究领域，使得仪器仪表向精密化、自动化、智能化、集成化、微型化和多功能方向发展。

学习目标

　　1. 掌握：光源及光功率计的使用。
　　2. 掌握：频谱仪的使用。
　　3. 掌握：驻波比测试仪的使用。

◈ 5.1　任务 1：光源及光功率计的使用

5.1.1　光源及光功率计的功能介绍

　　光通信离不开光功率这个重要参数。发送机输出光功率，接收机接收光功率。接收机灵敏度和动态范围的测量，实际上也是在满足一定误码率条件下的测量，能接收的最小光功率和最大光功率，光纤衰耗、接头衰耗的测量，实际上也是测量光纤两端的光功率。而光功率计就是测量光功率的仪表。测量光功率有热学法和光电法。热学法在波长特性、测量精度等方面较好，但响应速度慢、灵敏度低、设备体积大。光电法有较快的响应速度、良好的线性特性且灵敏度高、测量范围大，但其波长特性和测量精度方面不如热学法。因此，根据热学法制成的光功率计一般均作为标准光功率计。

光通信中的光功率较弱，范围从 nW 级到 mW 级。本节重点介绍光通信测量中普遍采用的用光电法制作的光功率计，该光功率计一般有通用型和高灵敏度型，其中高灵敏度型光功率计利用斩波器（通常和功率计的传感器装在一起）将被测光信号调制成一定频率的交流信号，以利于放大器放大，改善信噪比。光电法是用光电检测器检测光功率，实质上是测量光电检测器在受光辐射后产生的微弱电流，该电流与入射到光敏面上的光功率成正比，因此，此类光功率计实际上是半导体光电传感器与电子电路组成的放大、数据处理单元的组合。

参数

电子电路部分一般称为主机，半导体光电传感器称为探头。光功率计的主要技术指标如图 5-1 所示。

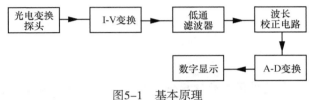

图5-1　基本原理

1）波长范围

波长范围主要由探头的特性所决定，由于不同半导体材料制成的光电二极管对不同波长的光强响应度不同，所以一种探头只能在某一波长范围内适用，而且每种探头都是在其中心响应波长上校准，为了覆盖较大的波长范围，一台主机往往配备几个不同波长范围的探头。

2）光功率计测量范围

光功率计测量范围主要由探头的灵敏度和主机的动态范围所决定。不同的探头有不同的光功率测量范围。

3）使用光功率计的注意事项

① 选择与待测光源相匹配的波长范围的探头。

② 如果待测光由活动连接器输出，应将活动连接器端面清洗干净，如果是裸光纤，应制作一个平整的垂直于轴线的端面，垂直对准传感器镜面，或者配用相应的纤维附加器（又称裸光纤适配器）和连接器附加器，光纤插入适配器并处理好端面后，即可直接和装有活动连接器的探头相耦合。选购光功率计时，应根据需要选购探头连接器的型号，以便和待测设备的活动连接器适配。目前常用的光纤活动连接器的型号有 FC 型、D4 型、OF2 型和 CN3102 型等。

在此，我们以上海嘉慧光电子技术有限公司生产的 JW3203 型光功率计为例做使用说明。技术指标见表 5-1。

表5-1　技术指标

规格型号	JW3203AR	JW3203BR	JW3203CR	JW3203DR
波长范围（nm）[1]	800～1600			
光敏材料	InGaAs			

（续表）

规格型号	JW3203AR	JW3203BR	JW3203CR	JW3203DR
功率测量范围（dBm）[2]	−70～3	−60～10	−30～20	−30～28
灵敏度（nW）[3]	0.001	0.01	0.1	0.1
不确定度[4]	±5%			
显示分别率	线性显示：0.1%；对数显示：0.01 dBm			
工作温度（℃）	0～40			
存储温度（℃）	−10～60			
自动关机时间（min）	10			
电池持续工作时间（h）	28			
电量	9V充电电池			
重量（g）	250			
外形尺寸（mm）	150×74×25			

5.1.2　光源及光功率计的功能及操作方法

1. 说明

①波长范围：规定一个标准的工作波长 λ 的范围从 λmin 至 λmax，在此波长范围内设计的光功率计能在规定的指标下工作。

②功率测量范围：能按规定的指标测量最大光功率的范围。

③灵敏度：在规定的波长、功率范围内，能稳定显示的最小功率值。

④不确定度：对某一确定的光功率的测试结果与标准光功率测试结果之间的误差。

JW3203 型光功率计的设备外观如图 5-2 所示。

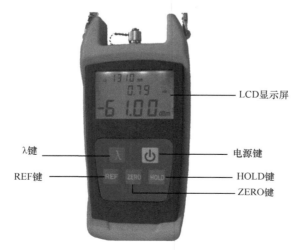

图5-2　设备外观

2. 功能说明

（1）LCD 显示屏

LCD 显示所测得的光功率值，以 dBm/mW/uW/nW 的形式显示，设定的波长为 850nm、980nm、1310nm、1490nm、1550nm。LCD 还显示光功率计当前的工作模式以及自动关机状态等。

（2）电源键

按电源键即可启动光功率计。同时在开机状态下，按下此键可以选择自动关机功能，同时 LCD 显示屏左上角出现自动关机符号（"☾"符号），再次按下该键关闭自动关机功能，长按该键（约 3s）即可实现关机功能。

（3）λ 键

λ 键为波长选择键，按压该键可以选择不同的波长（有 850nm、980nm、1310nm、1490nm、1550nm 五种波长），该值也将在 LCD 上显示。

（4）REF 键

在设定波长下，按该键进行光功率值的相对测量。

（5）ZERO 键

按该键进行光功率计的自调零。

（6）HOLD 键

按该键可以保持 LCD 上的显示内容，再次按下该键可以解除此状态。

3. 操作说明

（1）开机 / 关机

按住光功率计表面板上的电源键，LCD 显示开机完毕。

长按光功率计表面板上的电源键（约 3s）后，光功率计关闭。

（2）绝对光功率测量

打开光功率计，设定测量波长。通过 λ 键选择测量波长。

接入被测光，屏幕显示为当前测量值，包括绝对功率的线性和非线性值。

（3）相对光功率测量

设定测量波长，在绝对光功率测量模式下，接入被测光，测得当前功率值。

按 "REF" 键，当前光功率值成为当前参考值（以 dBm 为单位），此时显示当前绝对功率值和当前相对光功率值为 0dB。

接入另一测量光，显示当前测量光的绝对光功率值和相对光功率值。

光功率计的常见故障见表 5-2。

表5-2　常见故障

故障表现	可能原因	解决办法
LCD显示微弱	电源不足	更换电池
开机无显示	电源不足/其他	更换电池重新开机
LCD显示数据保持不变或变化微弱	光适配器接头故障或污浊/显示被锁定	清洁传感器端面/检测光适配器接头是否正确

5.2 任务 2：频谱仪的使用

5.2.1 频谱仪的功能介绍

频谱仪又名频谱分析仪，主要用于射频和微波信号的频域分析，包括测量信号的功率、频率、失真产物等。更先进的频谱仪可以对射频和微波信号进行解调分析，因此又称为信号分析仪。频谱仪的主流品牌一般有安捷伦、安立等。本节我们主要对安立 2711D 进行学习和操作。

5.2.2 频谱仪的功能设置

按工作原理分，频谱有两种基本的类型：实时频谱仪和扫频调谐式频谱仪。实时频谱仪包括多通道滤波器（并联型）频谱仪和 FFT 频谱仪。扫频调谐式频谱仪包括扫描射频调谐型频谱仪和超外差式频谱仪。

频谱仪的原理：实时频谱仪是针对不同的频率信号而有对应的滤波器和检知器，再用同步的多任务扫描器将信号传送到 CRT 屏幕上。扫频调谐式频谱仪是输入信号经衰减器直接外加到混波器后再调变的本地振荡器和 CRT 同步的扫描产生器产生随时间作线性变化的振荡频率，经混波器和输入信号混波。

1. 频谱仪的读取

电平的读取：主要使用参考电平 REF。仪器屏上最上角的一行水平线是参考电平线。该线表示的电平为参考电平，其数值和单位显示在屏幕左上角。

频率的读取：图形里的中心频率、起始频率、终止频率三条竖线，各自代表的频率数显示在屏幕的下方。

光标的使用：按"MKR"键，屏幕曲线上将出现闪动的光标。光标所在位置的电平和频率显示在屏幕左上角。光标可任意移动，移动到什么位置，就显示什么地方的频率和电平。

2. 手持式频谱分析仪 MS2711D 介绍

手持式频谱分析仪 MS2711D 如图 5-3 所示。

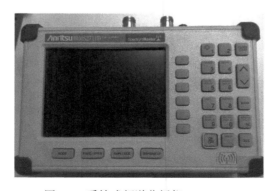

图5-3 手持式频谱分析仪MS2711D

（1）选择频谱分析方式

具体步骤如下。

① 按"ON/OFF"键开机。

② 按"MODE"键，用"◇"键选择频谱分析方式，然后按"ENTER"键确认。

（2）做一个测量

具体步骤如下。

① 将输入电缆接到 RFIN 测试口。

② 输入频率、频宽以及幅度并显示需要的信号。

（3）选择频率

具体步骤如下。

① 按"FREQ/SPAN"键显示频率菜单。

② 按"CENTER"键，输入中心频率值，按 GHz、MHz、kHz 或 Hz 确认，如为了设置一个具体的频段，按"START"输入频段上限，按 GHz、MHz、kHz 或 Hz 确认，按"STOP"输入频段下限，按 GHz、MHz、kHz 或 Hz 确认。

（4）选择频宽

具体步骤如下。

① 按"FREQ/SPAN"键显示频率菜单。

② 按"SPAN"键显示频宽菜单。

③ 输入频宽值，按 GHz、MHz、kHz 或 Hz 确认；或为了全频段扫描，选择"FULL"进行设置，可忽略对前面频段上下限的设置。

注意事项：为了迅速改变频宽值，选择"SPAN UP1-2-5"或"SPAN DOWN 1-2-5"。

（5）选择幅度

具体步骤如下。

① 按"AMPLITUDE"键。

② 然后按"UNITS"键选择需要的值。或按"REF LEVEL"键，用"◇"键或用键盘直接输入需要的值，按"ENTER"键确认。又或按"SCALE"键，用"◇"键或用键盘直接输入需要的值，按"ENTER"键确认。最后按"BACK"键返回到幅度菜单。

（6）选择带宽参数

RBW 和 VBW 都可以通过自动和手动方式耦合。RBW 的自动耦合器将 RBW 连接到宽带上，这样，带宽越宽，RBW 也越宽。自动耦合器在显示器中被指定为 RBWXXX。当进行 RBW 手动耦合时，亦能独立调整带宽。人工耦合在显示器中被指定为 RBW*XXX。

VBW 的自动耦合将 VBW 耦合到 RBW 上。那样，RBW 越宽，VBW 也就越宽。自动耦合器在显示器中被指定为 RBWXXX。当对 VBW 进行人工耦合时，亦能独立调整 RBW。人工 VBW 耦合在显示器中被指定为 VBW*XXX。

选择分辨带宽步骤如下。

① 按"BW/SWEEP"键。

② 然后按"RBW"键，选择分辨带宽。或按"AUTO"键又或按"MANUAL"键选择自动方式，然后用"◇"键选择分辨带宽，按"ENTER"键确认。最后按"BACK"键返回到带宽菜单。

选择视频带宽步骤如下。

按"VBW"键选择视频带宽。或按"AUTO"键又或按"MANUAL"键选择自动方式，然后用"◇"键选择视频带宽，按"ENTER"键确认。

（7）选择扫描参数

1）最大值保持或消除

设置最大值保持或消除可以按"MAX HOLD"键，然后会显示出经过多次扫描过的输入信号。

2）检波方式

每一个显示点代表由一种检波方式合成的一些测量数据。测量数据的每一个显示点都受到频宽和 RBW 的影响。三个有效的检波方式分别是：正峰值、平均值和负峰值。正峰值显示所有测量的最大值，是通过显示点连接而成的；平均值显示所有测量的平均值；负峰值显示所有测量的最小值。

设置检波方式的步骤为：按"DETECTION"键，然后选择 POSITIVE PEAK、AVERAGE 或 NEGATIVE PEAK。

3）扫描平均

为了减少噪声的影响，扫描平均可以使几次扫描结果平均化，而且排除个别扫描结果，显示出平均值。

设置平均扫描次数的步骤为：按"AVERAGE"键，然后选择需要的次数，按"ENTER"键确认。

注意事项：最大值保持和平均值是互斥的。

（8）调节标记

调节标记的具体步骤如下。

① 按"MARKER"键，调出标记菜单。

② 按"M1"键选择 M1 标记功能。

③ 按"EDIT"键，选择适当的值，按 GHz、MHz、kHz 或 Hz 确认。按"ON/OFF"键，启动或消除 M1 标记功能。

④ 按"BACK"键返回到标记菜单。

⑤ 标记 M2、M3、M4、M5 和 M6，重复上述步骤。

（9）调节限制线

MS2711D 提供两种限制线，一种是水平线，一种是分割线。

调节单一限制线

具体步骤如下。

按"LIMIT"键，调节单一限制线。或按"SINGLE LIMIT"键又或按"EDIT"键选择自动方式，然后用键盘或"◇"键输入数值。按"ENTER"键确认。

（10）设置报警线

通过设置报警线，两种界限类型都能显示界限犯规。在每一个超出界定线的信息点，仪表都会发出蜂鸣声进行报警。

关闭报警步骤如下。

① 按"LIMIT"键。

② 按 "LIMIT BEEP" 键，状态窗口会显示界限警笛状态处在工作状态，再按 "LIMIT BEEP" 键，关闭报警。

（11）调节衰减设置

频谱仪衰减可以自动耦合、手动耦合，也可以动态耦合。

具体步骤如下。

① 按 "AMPLITUDE" 键。

② 按 "ATTEN" 键，选择相应的耦合方式。

1）自动耦合

衰减器自动耦合可以将衰减和参考电平相联系。也就是说，参考电平越高，衰减也越大。自动耦合在屏幕上以 ATTEN*XXdB 方式显示。

2）手动耦合

在手动耦合时，衰减可以被独立调节到参考电平。手动耦合在屏幕上以 ATTEN*XXdB 方式显示。

重要事项：衰减应当被调制成最大信号幅度，其在混合输入时是 –30dBm 或更小。例如，如果参考标准是 +20dBm，衰减应当是 50dB，在混合状态时输入的信号幅度就是 –30dBm（+20–50=–30），这样可以防止信号幅度的压缩。

3）动态耦合

动态耦合应遵循输入信号值自动调节参考电平到最大输入信号值。当动态衰减开启时，衰减自动耦合到参考电平。如用一个前置放大器使 MS2711D 待命，动态衰减会自动启动或根据环境使放大器失效。动态耦合在屏幕上以 ATTEN * XXdB 方式显示。

（12）调节显示参照物

MS2711D 显示的参照物可被调节为可适应各种各样的环境，以及当使用轨迹被覆盖时，还可辨认轨迹。

调节显示参照物的步骤如下。

① 按 "CONTRAST" 键，然后用 "◇" 键调节参照度。

② 按 "ENTER" 键保存新设置。

（13）设置系统语言

按如下步骤选择语言。

① 按 "SYS" 键。

② 按 "LANGUAGE" 键选择一种需要的语言。

（14）设置系统阻抗

MS2711D 的输入端口和输出端口都有 50Ω 的阻抗。MS2711D 固件也能给输入端口提供 50 ~ 75Ω 的阻抗。

设置系统阻抗的步骤如下。

① 按 "SYS" 键。

② 按 "75Ω" 键。

③ 按和接头相匹配的键。

④ 如果转接头和 ANRITSU 12N50–75B 不匹配，请按 "OTHER ADAPTER OFFSET" 键，再用键盘输入损耗值或用 "◇" 键选定值。

⑤按"ENTER"键确认。

（15）进行基本测量

用 ANRITSU HHSA 做基本测量类似用常规频谱分析仪做测量。用户仅需要打开电源，然后调节频谱仪，便可在屏幕上设置和显示信号。一旦出现信号，用户可通过以下4个简单的步骤进行测量，以此决定信号的频率和幅度。

①设置中心频率。

②设置频率频宽。

③设置幅度。

④激活标记。

注意事项：频率、频宽和幅度是频谱分析仪测量的基本功能。但使用标记功能，你能辨认出频谱分析仪轨迹的频率和幅度，这样使你可以做相关的测量，自动显示信号的最大幅度，并且调节频谱仪跟踪信号。

（16）设置中心频率

设置中心频率步骤如下。

①按"FREQ/SPAN"键。

②按"CENTER"键，然后输入900后按"MHz"键。

注意事项：用数字键设置中心频率为900MHz。当启动中心频率功能时，频谱仪进入中频频宽方式。

（17）设置频率频宽

①按"FREQ/SPAN"键。

②按"SPAN"键。

"EDIT"键会出现在它的下行状态，频宽参数在编辑状态的窗口打开。可通过以下几种方法编辑打开的参数。

1）输入新数值

①用数字键输入新值，一旦按下一个数字键，软键会转换成频率单位键（GHz、MHz、kHz、Hz）。

②选择合适的终止键。

2）自动设置最大频宽

按"FULL"键，频宽就会自动设置到 MS2711D 的最大值。

3）自动设置零频宽

按"ZERO"键，频宽自动设置到零，并位于当时中心频率的中心。

4）按 1–2–5 的顺序增大频宽

按"SPAN UP 1–2–5"键会增大频宽值。例如，当前频宽为300kHz，按"SPAN UP 1–2–5"键将频宽改为500kHz，再按"SPAN UP 1–2–5"键，频宽会改为1MHz。

5）按 1–2–5 的顺序减小频宽

按"SPAN UP 1–2–5"键会减小频宽值。例如，当前频宽为300kHz，按"SPAN UP 1–2–5"键将频宽改为200kHz，再按"SPAN UP 1–2–5"键，频宽会改为100kHz。

（18）设置幅度

通常情况下，在参考电平上设置信号峰值，能提供一个最理想的测量精确度。以下几个步骤就是把信号峰值设为参考电平。

①按"AMPLITUDE"键设置幅度。

②或者按"ATTEN"键和"AUTO"键，选择自动衰减方式。

③按"BACK"键返回到幅度菜单。

④按"UNITS"键选择 dBm 作为幅度单位。

⑤按"BACK"键返回到幅度菜单。

⑥按"+/-"键和 10，在按"ENTER"键，把参考电平设为 -10dBm。

⑦按"SCALE"键，然后用键盘或"◇"键选择 10dBm/div 的尺度。

（19）激活标记

标记能显示频率和幅度，它在显示屏底端信息区域显示这些数值。

激活标记的具体步骤如下。

①按"MARKER"键。

②按"M1"。

③按"MARKER TO PEAK"键打开标记 M1，在轨迹上给它设置一个最高点。

④读出标记所确认的频率值和幅度值。这些数据在显示屏底端的信息区域内显示。

注意事项：通过按"MARKER TO PEAK"键，标记可以移到信号的最高处。也可以用"◇"键移动标记。当使用一个以上的标记时，使用标记的差值功能就会被描述出来。

（20）保存显示

保存显示的具体步骤如下。

①按"SAVE DISPLAY"键，为输入显示名称，按一组包括需要的字母软键，然后为这些字母选择软键。每个名称不超过 16 个字母。

②按"ENTER"键设置保存显示的名称。

（21）调出显示

调出显示的步骤如下。

①按"RECALL DISPLAY"键，然后用"◇"键选择需要的显示。

②按"ENTER"键确认。

③按"ESC/CLEAR"键回到测试方式。

（22）新电池充电

HHSA 提供的充电电池分为三种。在第一次给电池充电以前，应当先认识充满电的电池工作情况。

注意事项：如果电池温度在 45℃以上或 0℃以下，则不能更换电池。

1）在 HHSA 中给电池充电

①关闭 HHSA。

②将 AC–DC 接头接到 HHSA 的充电口。

③将 AC 转接头接到一个 120VAC（AC：交流）或 240VAC 电源上。电池充电器的灯亮时，表示电池将开始快速充电。只要电池在快速充电，充电器的灯就一直亮着。一旦电池充满电，充电器就会关闭。

注意事项：如果过度使用电池，在给它快速充电之前，它需要几个小时的时间慢慢充电。开通或关闭快速充电方式不是自动的，你必须做的是要来回开和关，要么接通或不接通 AC–DC 转接头。

2）任何一个充电器给电池充电

任何一个充电器都可以给两个电池同时充电，具体步骤如下。

① 从仪表中取出电池，把它放到任意一个充电器中。

② 连接转接头和充电器。

③ 用 AC–DC 转接头将 120VAC（AC：交流）或 240VAC 电源接到充电器上。

每一个电池用户都有一个 LED 充电状态显示器。LED 的颜色在电池充电时会有所变化：红色指示电池正在充电；绿色指示电池已经充满电；黄色指示电池正在等待状态。

3）测定剩余电池能量

当断开 AC–DC 连接器后，电池图标会在屏幕的左上角显示。当电池图标整个成为黑条时，表示电池已充满电。当 LOW BATT 替代左上角的电池图标时，表示电池仍可使用两分钟，如果还伴随着蜂鸣声，那么电池只能再用一分钟。

在测量期间，按"SYS"键并选择"SELF TEST"可以查看电池状态。

3. 硬键功能

（1）硬键键盘

键盘上的黑键就是硬键功能键。

0–9 键：这些键用于写入数字信息。

+/– 键：加 / 减键用于测试过程中出现的正值或负值。

• 键：该键用于写入测量中出现的小数值。

ESCAPE/CLEAR：退出当前操作或清屏。如果正在测量一项参数，按此键将清除当前写入值和恢复最近写入的有效值。再按一次该键，将结束这项参数的测量。在正常扫描期间，按此键会弹出一个菜单。持续按住该键可以恢复默认设置。

UP/DOWN ARROWS：增大或减小参数值。

ENTER：确定当前状态或参数选择。

ON/OFF：打开或关闭仪表。

SYS：允许选择系统参数。

TRACE：激活当前差异很小的信号的比较菜单。

MEAS：激活相关测量功能的菜单，包括场强、占有带宽信道源、邻近信道功率比、调幅 / 调频解调器和前置放大器。

SAVE SETUP：把当前系统储存于内部固定存储器 1 到 10 地址中。当按下该键时，显示屏上出现一个选框，用"◊"键选择，再按"ENTER"键确认。

RECALL SETUP：调用先前储存于 1 到 10 地址中的信息。当按下该键时，显示屏上出现一个选框，用"◊"键选择，再按"ENTER"键确认。

LIMIT：包括信号范围、倍数上限、倍数下限和蜂鸣线。

MARKER：包括标记 1 到标记 6。当选择其中一个时，标记置于峰值处，并把标记频率置为中心频率。标记 2 到标记 4 还包括以 M1 为参考的相对值。

SAVE DISPLAY：把轨迹保存在固定存储器。按下该键时，轨迹名称会显示出来，我们可以选择相应的轨迹，再按"ENTER"键确定。

RECALL DISPLAY：调用以前存储的轨迹。按下该键时，会弹出一个调用轨迹显示框，用"↻"键选择，再按"ENTER"键确定。

SINGLE CONT：触发单扫和连续扫描方式。当选择单扫时，仪器扫描一次，并把轨迹保存下来，直到下一次按该键。

PRINT：可以打印当前显示的内容。

（2）模式菜单

按"MODE"键可以激活模式选择菜单。用"↻"键选择相应的模式，再按"ENTER"键确认。菜单的内容根据 MS2711D 安装的选件不同而不同。

SPECTRUM ANALYZER：选择频谱分析仪操作模式。

POWER MONITOR：选择功率监察器操作模式。

TRACKING GENERATOR：选择跟踪发生器操作模式。

TG–FAST TUNE：选择快速调谐发生器操作模式。

（3）频率 / 频宽菜单

按"FREQ/SPAN"键，激活和频率有关的菜单。用相关键选择所需的功能。用键盘或"↻"键选择和确定信号值。通过按适当的键完成频率的输入。

CENTER：激活中心频率功能并设置中心频率。

SPAN：激活跟频宽有关的菜单。

EDIT：允许直接输入——频率频宽。

FULL：设置 Anritsu HHSA 的最大频率频宽为 2.9999GHz。

ZERO：设置频宽为 0Hz。

SPAN UP 1–2–5：激活频宽功能，使频宽按 1–2–5 的顺序迅速增大。

SPAN DOWN 1–2–5：激活频宽功能，使频宽按 1–2–5 的顺序迅速减小。

BACK：返回上一级菜单。

START：激活起始频率菜单，并在 START/STOP 模式下设置 Anritsu HHSA 的起始频率。输入所需频率值，并按 GHz、MHz、kMz 或 Hz 键完成起始频率的输入。

STOP：激活截止频率菜单，并在 START/STOP 模式下设置 Anritsu HHSA 的截止频率。输入所需频率值，并按 GHz、MHz、kMz 或 Hz 键完成截止频率的输入。

TG–FREQ OFFSET（适用于选件 20）：在轨迹或快速轨迹调谐状态设置跟踪发生器的频率偏移。偏置频率范围为 –5MHz ～ 5MHz。

（4）幅度菜单

按"AMPLITUDE"键可以激活跟幅度有关的菜单。

REF LEVEL：激活参考电平功能。参考电平可以用键盘或"↻"键输入，再按"ENTER"键确定。参考电平的有效范围为 20dBm ～ –120dBm。

注意事项：当参考电平改变时，衰减器通常起耦合作用并且会自动校准。然而，当衰减器改变时，参考电平并不会改变。衰减器会自动校准以便使进入混频器的信号小于 –30dBm。

SCALE：激活刻度功能。用键盘或"↻"键输入刻度值，再按"ENTER"键确定。

ATTEN：设置 Anritsu HHSA 的输入衰减器，使它自动耦合、手动耦合或动态耦合。

AUTO：按此键衰减器自动耦合到参考电平，衰减值显示在屏幕的左边 ATTEN 的下面。

MANUAL：把衰减器置为手动方式。用"◇"键可以在 0 ～ 50dB 内以每次 10dB 的速度改变，再按"ENTER"键确定数值。

DYNAMIC：接通动态衰减器。动态衰减器自动调整参考电平，并使峰值信号有一个最佳显示。当实现动态衰减后，衰减器耦合到参考电平。

UNIT：从菜单中选择和幅度有关的单位。

REF LEVEL OFFSET：设置参考电平偏置。结合衰减器可以测量高增益装置。它通常用于偏置参考电平以观察正确的输出电平。

TG–OUTPUT LEVEL：轨迹或快速轨迹调谐方式，在 0.0dBm ～ –60dBm 内设置跟踪发生器的输出功率电平。

（5）带宽 / 扫描菜单

按"BW/SWEEP"键激活跟带宽和扫描功能相关的菜单。用相应的键选择需要的功能。

RBW：设置分辨带宽，使之和频宽自动耦合或手动耦合。

VBW：设置视频带宽，使之和分辨带宽自动耦合或手动耦合。

MAX HOLD：显示和保持多次扫描信号的最大值。

DETECTION：检波模式菜单包括正峰值检波、平均值检波和负峰值检波。

POSITIVE PEAK：HHSA 读数和显示的最高点数据。

AVERAGE：HHSA 测量和显示的平均值。

NEGATIVE PEAK：HHSA 读数和显示的最低点数据。

AVERAGE（1–25）：设置扫描平均数。用"◇"键调节扫描次数或者用键盘直接输入，然后按"ENTER"键确定。

此方法用于用户定义的连续扫描平均值测量程序。平均值需逐项测量，每一个显示值和当前测量值有关。

（6）测量菜单

按"MEAS"键激活跟测量功能有关的菜单，并用适当的键选择需要的测量功能。

FIELD STRENGTH：激活场强测试菜单。

ON/OFF：场强测试的开 / 关。

SELECT ANTENNA：为场强测试选择天线。

BACK：返回上一级菜单。

OBW：激活占有带宽菜单，占有带宽测试中选％或 dBc 方式。

METHOD：选择功率百分比或 dB 测量方法。

％：输入功率百分数。

dBc：输入 dBc 值（0 ～ 120dB）。

METHOD ON/OFF：占有带宽测量的开 / 关，当测量进行时，OBW 将显示在屏幕左边。

BACK：返回上一级菜单。

CHANNAL POWER：激活信道功率测量功能。信道功率的单位是用 dBm 还是 mW，取决于仪器的选择。信道功率密度用 dBm 和 mW 均可测量。

CENTER FREQ：为 Anritsu HHSA 的信道功率测试设置中心频率。

INT BW：为信道功率测试设置带宽。

CHANNEL SPAN：为信道功率测试设置频宽。

METHOD ON/OFF：开始或终止信道功率测试。当测试进行时，CH PWR 将显示在屏幕左边。

BACK：返回上一级菜单。

ACPR：接通邻近信道功率比测试选件。

CENTER FREQ：为 ACPR 测试设置中心频率。

MAIN CHANNEL BW：为 ACPR 测试设置主通道带宽。

ADJACENT CHANNEL BW：为 ACPR 测试设置邻近信道带宽。

CHANNEL SPACING：在主信道和邻近信道间设置信道间隔。

MEASURE ON/OFF：开始或终止 ACPR 测量。当测试进行时，ACPR 将显示在屏幕左边。

BACK：返回上一级菜单。

PREAMP：按此键可以打开或关闭前置放大器。

注意事项：如果 MS2711D 装有前置放大器选件，并且把前置放大器打开，那么它的射频端功率将小于或等于 –50dBm（0dBm 内部衰减和小于 –25dBm 的功率与衰减无关）。

如果 MS2711D 没有安装前置放大器选件或者把前置放大器关闭，那么它的射频端功率将小于或等于 –30dBm，并伴随有 0dBm 内部衰减。如果加上 50dBm 的内衰减，射频端功率将达 20dBm。

MORE：按此键进入附加的测试功能区。

AM/FM DEMOD：激活调幅 / 调频解调器菜单。

ON/OFF：调幅 / 调频解调器的开 / 关。

DEMOD TYPE：选择调制解调器类型。

VOLUME：调节解调器的音量。

BFO ADJUST：单一边频带解调器的差频振荡器校准。

注意事项：调频 – 宽带，用于解调器调频信号。

BACK：返回上一级菜单。

（7）保存设置菜单

按 "SAVE SETUP" 键将把当前系统内容保存在内部存储器的 1 到 10 的地址中。当该键被按下时，屏幕上会显示一个保存设置框，用 "◇" 键选择设置并按 "ENTER" 键确定。

（8）调用设置菜单

按 "RECALL SETUP" 键将调用以前保存于地址 1 到 10 的信息。当该键被按下时，调用轨迹选框会出现在屏幕上，用 "◇" 键选择设置并按 "ENTER" 键确定。

（9）范围菜单

按 "LIMIT" 键将激活和范围功能有关的菜单，并用相应的键选择需要的功能，用 "◇" 键改变它的值，该值为信号区底端的显示值。

SINGLE LIMIT：以 dBm 为单位设置信号范围。

范围菜单包括的按键功能如下。

ON/OFF：信号范围功能的开 / 关。

EDIT：输入幅度范围，然后按 "ENTER" 键确定。

BEEP AT LEVEL：如果输入电平过高或过低，仪器就会发出蜂鸣声。

BACK：返回上一级菜单。

MULTIPLE UPPER LIMITS：设置上限，用于迅速判断测试通过与否。当信号高于上限时，上限就无效了。

SEGMENT 1：观察 / 编辑上限 1。

SEGMENT 1：观察 / 编辑上限 2。

SEGMENT 1：观察 / 编辑上限 3。

SEGMENT 1：观察 / 编辑上限 4。

SEGMENT 1：观察 / 编辑上限 5。

BACK：返回上一级菜单。

MULTIPLE UPPER LIMITS：设置下限，用于迅速判断测试通过与否。当信号降到下限以下时，下限就无效了。

SEGMENT 1：观察 / 编辑上限 1。

SEGMENT 1：观察 / 编辑上限 2。

SEGMENT 1：观察 / 编辑上限 3。

SEGMENT 1：观察 / 编辑上限 4。

SEGMENT 1：观察 / 编辑上限 5。

BACK：返回上一级菜单。

LIMIT BEEP：蜂鸣器开 / 关。当蜂鸣器工作时，任何一个超出其上限或下限的值均会使仪器发出蜂鸣声。

（10）程序段范围菜单

当一程序段从上限或下限菜单中被选中时，它会显示出来。

ON/OFF：程序段开 / 关。

EDIT：编辑程序段参数。

PREV SEGMENT：编辑或查看以前的程序段参数。

NEXT SEGMENT：编辑或查看下一段程序段参数。当该键被按下时，如果关闭程序段，那么程序段的开头会被默认为上一程序段的结尾。

BACK：返回上一级菜单。

（11）标记菜单

按"MARKER"键可以激活一个包括六种不同标记功能的菜单。用以下相关键选择需要的标记。并在下一级菜单编辑标记值。

M1：选 M1 标记参数并打开第二级标记菜单。

M2：选 M2 标记参数并打开第二级标记菜单。

M3：选 M3 标记参数并打开第二级标记菜单。

M4：选 M4 标记参数并打开第二级标记菜单。

MORE：可打开附加标记功能。

M5：选 M5 标记参数并打开第二级菜单中的 M5 标记。

M6：选 M6 标记参数并打开第二级菜单中的 M6 标记。

ALL OFF：可关闭所有标记。

第二级标记菜单

第二级标记菜单用来打开或关闭标记，并编辑标记参数值。

ON/OFF：标记选择的开 / 关。

EDIT：编辑标记参数值。用键盘或"◊"键输入需要的标记频率，按 GHz、MHz、kHz 或 Hz 完成标记频率的输入。

DELTA：显示所选标记（M2、M3 或 M4）相当于 M1 的频率或幅度增量。

MARKER TO PEAK：寻找轨迹峰值（对 M1 ～ M4）。

MARKER FREQ TO CENTER：使中心频率和标记频率相等（对 M1 ～ M4）。

第二级 M5 标记菜单包括 NO/OFF、编辑和 BACK 按键，还包括以下按键功能。

PEAK BETWEEN M1&M2：设置最大幅度值的标志频率在 M1 ～ M2。

VALLEY BETWEEN M1&M2：设置最小幅度值的标志频率在 M1 ～ M2。

注意事项：如果 M1 和 M2 关闭，那么前面的波峰和波谷功能将贯穿整个频宽。

第二级 M6 标记菜单包括 NO/OFF、编辑和 BACK 按键，还包括以下按键功能。

PEAK BETWEEN M3&M4：设置最大幅度值的标志频率在 M3 ～ M4。

VALLEY BETWEEN M3&M4：设置最小幅度值的标志频率在 M3 ～ M4。

注意事项：如果 M3 和 M4 关闭，那么前面的波峰和波谷功能将贯穿整个频宽。

（12）保存显示菜单

按"SAVE DISPLAY"键把轨迹存到固定存储器。当该键被按下时，TRACE NAME 显示在信息区，然后选择轨迹名，再按"ENTER"键确定。

注意事项：当按下"SAVE DISPLAY"键时，在输入线上会显示最后保存的轨迹名。按"BACK SPACE"键会删去最后一条轨迹名。

（13）调用显示菜单

按"RECALL DISPLAY"键可以从内存中调用一条以前保存的轨迹。当该键被按下时，显示屏上会弹出一个调用轨迹选项框，然后用"◊"键选择，再按"ENTER"键确定。按"ESC/CLEAR"键回到测量模式。

1）单扫 – 连续扫描

连续扫描和单次扫描之间切换时，会在显示屏的左边显示，并默认为连续扫描方式。当单扫被激发后，Anritsu HHSA 扫描一次并把轨迹保存下来直到按"ENTER"键产生一条新轨迹。

2）打印

按"PRINT"键可以打印当前屏幕内容。

3）系统菜单

按"SYS"键可以激活跟系统功能相关的菜单。用以下按键选择系统功能。

OPTIONS：显示附件功能的第二级菜单。

CLOCK：显示时钟功能的第二级菜单。

SELF TEST：进行电池、内存和本振检测。

50Ω：仪器输入阻抗的默认设置为 50Ω，输入阻抗也在显示屏左端显示。

75Ω：测试是显示的输入阻抗为 75Ω。实际输入阻抗仍为 50Ω，这种变化是基于在测试中使用了转接头，导致阻抗值有所变化。这一般和使用 TV 电缆测试有关。在屏幕左边显示的射频输入端阻抗为 75 Ω。

　　ANRITSU 12N50–75B：为安立 12N50–75B 转接头设置补偿。

　　OTHER ADAPTER OFFSET：此键允许输入别的转接头偏置值。输入补偿值，然后按 "ENTER" 键确定。

　　BACK：返回上一级菜单。

　　LANGUAGE：按此键可以改变屏幕上的文字。

　　1）第二级选件菜单

　　和第二级选件功能相关的菜单，用以下按键选择需要的功能。

　　PRINTER：支持打印机菜单，用 "◇" 键和 "ENTER" 键选择连接的打印机。

　　CHANGE DATE FORMAT：按此键改变显示数据格式。

　　2）第二级时钟菜单

　　和第二级时钟功能相关的菜单，用以下按键选择需要的功能。

　　HOUR：在测试区中显示小时。用键盘输入需要的小时数（0 ～ 23），再按 "ENTER" 键确定。

　　MINUTE：在测试区中显示分钟。用键盘输入需要的分钟数（0 ～ 59），再按 "ENTER" 键确定。

　　MONTH：在测试区中显示月份。用键盘输入需要的月份（1 ～ 12），再按 "ENTER" 键确定。

　　DAY：在测试区中显示天。用键盘输入需要的天数（1 ～ 31），再按 "ENTER" 键确定。

　　YEAR：在测试区中显示年份。用键盘输入需要的年（1997 ～ 2038），再按 "ENTER" 键确定。

　　BACK：返回最开始系统菜单。

　　（14）功率监控菜单

　　当切换到功率监控时，功率监控菜单提供设置功率监控参数。

　　在功率监控菜单中，用以下按键选择需要的功能。

　　UNIT：在 dBm 和 W 之间切换。

　　REF：如果相应模式是开的，则把它关掉；如果当前相应模式是关的，则把它打开。测量的功率电平设置为参考值，在此基础上继续测量，dBm 变为 dBr、W 变为 %。

　　OFFSET：如果相应偏置为开，则把它关掉，反之亦然。用键盘输入偏置值，再按 "ENTER" 键确定。偏置是在 DUT 和射频检波器之间的线路衰减。在数据显示前，相应的衰减值就被加到输入电平。

　　ZERO：如果相应零值是开的，则把它关掉；如果当前相应零值是关的，则把它打开，并开始平均和保存功率电平。在显示前，保存的功率电平值将在随后的测量中被减去。

5.2.3　频谱仪的操作方法

　　手持式频谱分析仪 MS2711D 的使用步骤如下。

1. 上行增益

步骤 1：打开仪器电源，仪器会显示自检通过。

步骤 2：按"MODE"键，选择传输测量模式，再按"ENTER"键进入界面。

步骤 3：按"FREQ/SPAN"键，设置中心频率为 897 MHz，工作带宽为 24 MHz（或者起始频率为 885～909 MHz）。

步骤 4：在 RF OUT 端口和 RF IN 端口间连接测试电缆，如果有需要可以在 RF OUT 端口接上衰减器，然后再连接测试电缆。

步骤 5：按"BW/SWEEP"键，然后按"TM"校准，屏幕上会提示 TM 校准中，我们听到响声并看到屏幕顶部显示"传输测量校准"，则表示校准通过。

步骤 6：接着我们可以看到屏幕上的扫描信号，校准后 MARKER 点显示为 0dBm（如接有衰减器，将显示有衰减器后的数值），记为 Lin（dBm）。校准信息在关机后丢失，下次开机请重新校准。

步骤 7：将扫频输出原连接到频谱仪输入端的接头改为连接到待测直放站的用户端，待测直放站的施主端（加 30dB 衰减器）连接到频谱仪输入端，如图 5-4 所示。

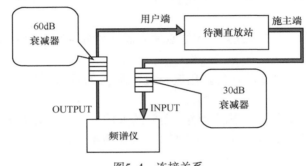

图5-4　连接关系

步骤 8：按"MARKER"键调出标识选单，选择 M1 标识，然后按下"开 / 关"软键并按"标记到峰值"后会自动找到工作频带内信号波形的最大值（峰值），记为信号功率电平 Lout（dBm）。（实际上行输出功率 =Lout+ 衰减总量）。

步骤 9：待测直放站的上行增益 G= 上行输出信号功率 Lout– 上行输入信号 Lin。

2. 下行增益

步骤 1：打开仪器电源，仪器会显示自检通过。

步骤 2：按"MODE"键，选择传输测量模式，再按"ENTER"键进入界面。

步骤 3：按"FREQ/SPAN"键，设置中心频率为 942MHz、工作带宽为 24MHz（或者起始频率为 930～954MHz）。

步骤 4：在 RF OUT 端口和 RF IN 端口间连接测试电缆，如果有需要可以在 RF OUT 端口接上衰减器，然后再连接测试电缆。

步骤 5：按"BW/SWEEP"键，然后按 TM 校准，屏幕会提示 TM 校准中，我们听到响声并看到屏幕顶部显示"传输测量校准"，则表示校准通过。

步骤 6：接着我们可以看到屏幕上的扫描信号，校准后 MARKER 点显示为 0dBm（如接有衰减器，将显示有衰减器后的数值），记为 Lin（dBm）。校准信息在关机后丢失，下次开机后请重新校准。

步骤 7：将扫频输出原连接到频谱仪输入端的接头改为连接到待测直放站的用户端，

待测直放站的施主端（加 30dB 衰减器）连接到频谱仪输入端，如图 5-5 所示。

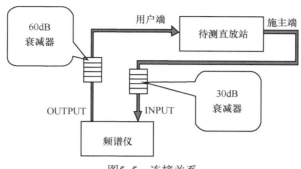

图5-5　连接关系

步骤 8：按 "MARKER" 键调出标识选单，选择 M1 标识，然后按下 "开 / 关" 软键并按 "标记到峰值" 后会自动找到工作频带内信号波形的最大值（峰值），记为信号功率电平 Lout（dBm）。（实际下行输出功率 =Lout+ 衰减总量）。

步骤 9：待测直放站的下行增益 G= 下行输出信号功率 Lout- 下行输入信号 Lin。

3. 上行静态噪声电平

上行噪声电平 ≤ 120-（主机接收电平 - 基站输出功率）。我们可以通过调测软件中的上行增益来控制。这里需要注意的是，上行噪声电平并不是越小越好，上行噪声电平过小，会导致上下行不均衡，因而出现手机上不了线，覆盖区的弱信号上线率与上行噪声电平息息相关。

步骤 1：打开仪器电源，仪器会显示通过自检。

步骤 2：按 "MODE" 键，选择频谱分析仪模式，再按 "ENTER" 键进入界面。

步骤 3：按 "FREQ/SPAN" 键，设置中心频率为 897MHz，工作带宽为 24MHz（或者起始频率为 885 ～ 909MHz）。

步骤 4：在待测直放站的用户端接负载，施主端接频谱仪的输入端口（INPUT），如图 5-6 所示。

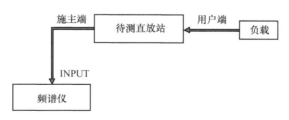

图5-6　连接关系

步骤 5：按 "MARKER" 键调出标识选单，选择 M1 标识，然后按下 "开 / 关" 软键并按 "标记到峰值" 后会自动找到工作频带内底噪声的最大值，即上行噪声电平 Ln(dBm)。

特别注意：因为各种频谱仪的测试输入端的最大电平均为 30dBm（1W），为了防止过大的被测信号接入频谱仪后导致烧坏频谱仪，因此，被测信号不论电平大小均要求先通过一个至少 30dB 的衰减器，再接入频谱仪进行测试！

▶▶ 5.3 任务 3：驻波比测试仪的使用

5.3.1 驻波比测试仪功能介绍

驻波比传输线和天线分析仪能够测量回波损耗或驻波比。电缆损耗和长距离故障定位功能使我们能够快速评估传输线和天线系统的状况，并且缩短新基站所需要的安装和调试时间。驻波比测试仪的主流品牌为安捷伦、BIRD、安立等，本节我们对安立 Site Master S331D 进行学习操作。

（1）驻波比

驻波比全称为电压驻波比（Voltage Standing Wave Ratio，VSWR 和 SWR），指驻波波腹电压与波谷电压幅度之比，又称为驻波系数或驻波比。当驻波比等于 1 时，表示馈线和天线的阻抗完全匹配，此时高频能量全部通过天线辐射出去，没有能量的反射损耗；当驻波比为无穷大时，表示全反射，能量完全没有辐射出去。

（2）隔离度

通过改善天线之间的隔离度，可以减少基站蜂窝和蜂窝之间的 RF 干涉和增加系统容量。Site Master 天馈线分析仪具有专利注册的高抗 RF 干涉信号干扰设计和大于 90dB 的动态范围，使得双端口的 Site Master 天馈线分析仪能够准确地在基站现场测量天线之间的隔离度。

相关人员在定期维护时，要对天线间的隔离度进行测量，隔离度就是为了减少各种干扰对接收机的影响所采取的抑制干扰措施，尤其在恶劣天气后，可以很方便地确定天线的位置。因为天线间边瓣和后瓣的偶合幅度的变化，将直接导致这方面的性能变化。

由于 Site Master 天馈线分析仪有大于 90dB 的动态范围，Site Master 天馈线分析仪可以对双工器的收发隔离和滤波器进行测量，另外也能轻松调整滤波器和验证其指标。

（3）增益

大多数塔顶多工器和低噪声放大器（LNA）由于收发隔离的需要，都没有收发旁路开关。通过测试塔顶多工器和低噪声放大器，可改善边带信号强度和减少天线数目。多工器从单天线回路中分离收发信号，减少进入 LNA 的无用的 RF 干涉信号。LNA 提高增益放大、提高信噪比、减少系统噪声系数。当 LNA 越靠近天线，其性能改善越明显，所以 LNA 通常安装在塔顶上。在安装 LNA 时，系统很容易测试。因为安装人员在塔顶工作时，改变了内部电缆的连接。当密封条封上后，测试信号必须偶合到天线上。Site Master 天馈线分析仪的设计是用于在地面上进行安装和维护测试的。

双端口 Site Master 天馈线分析仪中的 S251A，是一个宽带双端口 Site Master 天馈线分析仪，它能够覆盖所有移动通信频带，其中包括模拟、数字和扩展频带。它的输出功率可在 –30dBm ～ 6dBm 选择，如果再配上内置的偏压 Tee，它可以非常方便地对塔顶放大器进行增益测量。偏压 Tee 功能中的电流监测特性，还可以快速指出塔顶放大器是否正常工作。

回波损耗、驻波比、反射系数对照关系见表 5-3。

表5-3　回波损耗、驻波比、反射系数对照关系

回波损耗（dB）	驻波比	反射系数
4	4.41943	0.63096
5	3.56977	0.56234
6	3.00952	0.50119
7	2.61457	0.44668
8	2.32285	0.39811
9	2.09988	0.35481
10	1.92495	0.31623
11	1.78489	0.28184
12	1.6709	0.25119
13	1.57689	0.22387
14	1.49852	0.19953
15	1.43258	0.17783
16	1.37668	0.15849
17	1.32898	0.14125
18	1.28805	0.12589
19	1.25276	0.1122
20	1.22222	0.1
21	1.19569	0.08913
22	1.17257	0.07943
23	1.15238	0.07079
24	1.13469	0.0631
25	1.11917	0.05623
26	1.10553	0.05012
27	1.09351	0.04467
28	1.08292	0.03981
29	1.07357	0.03548
30	1.06531	0.03162
31	1.058	0.02818
32	1.05153	0.02512
33	1.0458	0.02239
34	1.04072	0.01995
35	1.03621	0.01778

（续表）

回波损耗（dB）	驻波比	反射系数
36	1.03221	0.01585
37	1.02866	0.01413
38	1.0255	0.01259
39	1.0227	0.01122
40	1.0202	0.01
41	1.01799	0.00891
42	1.01601	0.00794
43	1.01426	0.00708
44	1.0127	0.00631
45	1.01131	0.00562
46	1.01007	0.00501
47	1.00897	0.00447
48	1.00799	0.00398
49	1.00712	0.00355
50	1.00634	0.00316

反射系数、回波损耗（RL）和电压驻波比（VSWR）计算公式见表5-4。

表5-4　计算公式

反射系数	电压驻波比（VSWR）	回波损耗（RL）
$\Gamma = \dfrac{Ureflected}{Uforward}$	$VSWR = \dfrac{Uforward + Ureflected}{Uforward - Ureflected}$	$RL = 20 \lg \dfrac{Uforward}{Ureflected}$
$\Gamma = \dfrac{1}{a \lg(\frac{RL}{20})}$	$VSWR = \dfrac{1 + \Gamma}{1 - \Gamma}$	$RL = 20 \lg \dfrac{1}{\Gamma}$
$\Gamma = \dfrac{VSWR - 1}{VSWR + 1}$	$VSWR = \dfrac{a \lg(\frac{RL}{20}) + 1}{a \lg(\frac{RL}{20}) - 1}$	$RL = 20 \lg \dfrac{VSWR + 1}{VSWR - 1}$

电压驻波比公式中的 Uforward 为前向电压，Ureflected 为反射电压，具体见表5-5。

表5-5　不同型号设备前向电压与反射电压对比表

	韩国INNO	日本安立	美国BIRD
型　号	DS8000	S331D	SA-6000EX
频　段	25～4000MHz	25～4000MHz	25～6000MHz
驻波比测量	有	有	有
回波损耗测量	有	有	有

（续表）

	韩国INNO	日本安立	美国BIRD
故障定位测量	有	有	有
电线损耗测量	有	有	有
功率测量（选件）	有	有	有
曲线分辨率最大到	1001	517	949
中文界面	有	有	无
触摸彩屏	有	无	无
USB存贮	有	无	无

5.3.2　驻波比测试仪系统设置

本节以安立 Site Master S331D 为例介绍其内容与参数测量系数，如图 5–7 所示。

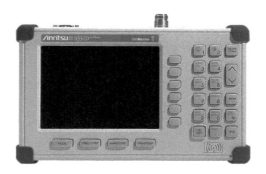

图5–7　安立Site Master S331D

1. 仪器功能键说明

MODE：使用该键可打开"模式选择"对话框，如图 5–8 所示。

```
测量模式：
频率—驻波比
    回波损耗
    电缆损耗—单端口
故障定位—驻波比
        回波损耗
```

图5–8　"模式选择"对话框

FREQ/DIST：按该键可在显示屏上显示频率或故障断点距离。

AMPLITUDE：显示当前工作模式下的幅度。

SWEEP：按该键可使用当前工作模式下的扫频功能。

2. 键区按键说明

按键 0 ～ 9：这些按键在建立或进行测量时，用来按要求键入数字。

按键 +/–：该按键在建立或进行测量时，用来键入正号或负号。

按键·：该按键在建立或进行测量时，用来键入小数点。

ESCAPE/CLEAR：该按键的功能为退出当前操作或清屏，如果参数正在编辑，按该键将清除当前键入值，而存储上一次的有效输入。再次按该键，将关闭参数。在正常扫频过程中，按该键将回波到上一级菜单。

UP/DOWN：该按键的功能为增加或减少参数值。

注意事项：在打开仪器未按任何按键前，"UP/DOWN"键可用来调节显示器的对比度，按"ENTER"键后回波到正常操作。

按键 ENTER：执行当前操作或参数选择。

ON/OFF：该按键可打开或关闭"Anritsu Site Master"，当打开"Site Master"时，上一次 OFF 时的系统状态将被存储，如果按下"ESCAPE/CLEAR"的同时，按下了"ON/OFF"键，则保存出厂的预置值。

"SYS"使用箭头可选择显示的语言、系统设置参数。

AUTO SCALE：自动标度显示区以获得最佳分辨率。

LIMIT：显示当前工作模式下的限制线菜单。

MARKER：显示当前工作模式下的标示菜单。

PRINT：经 RS232 串行接口将当前显示打印到所选打印机上。

RECALL：从内存中调出以前保存的图形曲线，当按下该键时，显示屏上出现"RECALL DISPLAY"的选择对话框，用"UP/DOWN ARROWS"按键选择一条图形曲线，并按"ENTER"键执行。 要删除一条已保存的图形曲线，需要加亮曲线，选择"DELETE TRACE"软键；要删除所有已保存的图形曲线，选择"DELETE ALL TRACES"软键。

RECALL：从内存的 1 到 10 位置中，调用一个以前保存的设置，当该键 SETUP 按下时，显示屏上出现"RECALL SETUP"的选择对话框，使用"UP/DOWN ARROWS"按键选择其中一个，按"ENTER"键执行，选择 SETUP 0 则调用出厂时的预置状态。

RUN：当在 HOLD 模式时，该键提供 Site Master 单扫频触发模式，按下该键后开始扫频。在 RUN 模式时，它终止扫频，在 HOLD 模式时，屏幕上显示 HOLD 符号，HOLD 模式节约电量。

SAVE：可将多达 200 条显示的图形曲线存入到非易失存储器中，按下该键后，屏幕的左下角显示 TRACE NAME，键入轨迹名，曲线名可用多达 16 个字母来表示，按"ENTER"键保存图形曲线。该键也可用来将当前系统设置保存到非易失存储器的 0 ～ 10 的位置中，按下该键后，出现一个"SAVE SETUP"选择对话框，使用"UP/DOWN ARROWS"键选择一个设置，按"ENTER"键执行。

START：在 SWR、回波损耗、电缆损耗或 DTF(故障断点距离) 测量模式下，开始校准，在频谱分析仪模式下不能使用。

3. 频率模式下的校准方法

① 按下前面板的 ON/OFF 键，Site Master 会用大约 5 秒的时间来执行自检、调整等一系列程序，在完成后屏幕上会出现安立的标识、产品型号和操作系统版本，Site Master 会保持 10 秒左右时间，然后按"ENTER"键继续，进入测试界面。

② 不管用什么校准方法，在校准之前测量所要求的频率范围必须设置。以下是设置校准频率范围的步骤。第一步，按"FREQ/DIST"键；第二步，按 F1 软键；第三步，用数字

键或"〇"键输入要求的起始频率；第四步，按"ENTER"键设置 F1 为要求的频率；第五步，按 F2 软键；第六步，用数字键或"〇"键输入要求的截止频率；第七步，按"ENTER"键设置 F2 为要求的频率。

③ 按"AMPLITUDE"键先选择顶线软键设置上限，后选择底线设置下限。

④ 要得到精确的结果，Site Master 必须在进行任意测量前校准，当设定的频率改变时，环境温度超出校准温度范围时或者测试端口的外接电缆被移走、被替换时都应进行重新校准。

⑤ Site Master 可以用开路器、短路器和负载（OSL）进行手动校准，也可以用 InstaCal 模块进行系统校准。

⑥ 按"START CAL"键，屏幕上会出现信息"CONNECT OPEN or InstaCal to RF OUT PORT"，然后按下"ENTER"键，Site Master 就会探测 InstaCal 模块，并自动按 OSL 程序执行校准，这个校准过程大约持续 45 秒。检查屏幕左上角是否出现"CAL ON！"的信息来确定校准过程是否正确地完成。

4. 故障定位模式下的校准方法

在 Distance-To-Fault（DTF）模式中，需要选择传输线的长度（距离）和电缆的种类。电缆的种类决定了传播速率和电缆衰减因数。

以下过程说明了如何设置距离和选择合适的电缆类型。

注意：选择正确的电缆类型对于精确测量和传输线故障定位是非常重要的，选择了错误的电缆类型将会引起 DTF 曲线在水平和垂直方向上的改变，以致故障定位很难精确。

步骤 1：按下"MODE"键。

步骤 2：选择 DTF RETURN LOSS 或者 DTF SWR 模式，Site Master 会自动设置 D1 为 0。

步骤 3：按"D2"软键。

步骤 4：根据最大的传输线长度输入合适的 D2 值，按"ENTER"键来设置 D2 的值。

步骤 5：按"DTF AID"软键。

步骤 6：使用"〇"键，选择 CABLE TYPE 标准电缆类型列表已经存在于 Site Master 中。这些标准的类型是不能编辑的，用户也可以自己创建一个电缆类型列表。

步骤 7：使用"〇"键选择合适的列表并选择合适的电缆类型。选择了电缆类型后，屏幕上会出现 PROP VEL 和 CABLE LOSS 以 dB/ft（或者 dB/m）。

步骤 8：按下"ENTER"键开始校准。

5. 改变显示语言

Site Master 默认的显示语言是英语。可以通过以下操作改变语言。

步骤 1：按下"SYS"键。

步骤 2：选择"Language"软键。

步骤 3：选择要求的语言，可选的语言有英语、法语、德语、西班牙语、中文和日语。

6. 改变单位

Site Master 默认的单位为公制，以下操作可以使之改变为英制。

步骤 1：按下"SYS"键。

步骤 2：选择"OPTIONS"软键。

步骤 3：按下"UNITS"键将公制单位改为英制单位，反之亦然，当前的选择会出现在屏幕的左下角。

7. 接有天线的传输馈线系统（回波损耗的测试）

步骤 1：按下"MODE"键。

步骤 2：使用"◇"键选择 FREQ-RETURN LOSS 后，按下"ENTER"键。

步骤 3：连接测试端口延伸电缆到 RF 端口并校准 Site Master。

步骤 4：按下"SAVE SETUP"键保存校准设置。

步骤 5：将要测试的设备连接到 Site Master 测试端口延伸电缆上。

步骤 6：按下"MARKER"键。

步骤 7. 将标记 M1 和 M2 设置为要求的频率。

步骤 8：记录指定频段内最低的回波损耗。

步骤 9：按下"SAVE DISPLAY"键来命名该曲线，并按下"ENTER"键。

8. 接有短路器的传输馈线系统（电缆损耗的测试）

电缆损耗—插损扫描即当一个短路器连接至传输线末端时进行的测量。该测量显示传输线中信号的损耗，以便用户找出问题所在。馈线或跨接线的高插损会影响系统整体性能，也会使插损平均值降低。

步骤 1：按下"MODE"键。

步骤 2：使用"◇"键选择 FREQ-CABLE LOSS 后，按下"ENTER"键。

步骤 3：设置起始 F1 和截止频率 F2。

步骤 4：连接测试端口延伸电缆到测试端口并校准 Site Master。

步骤 5：保存校准设置。

步骤 6：将要测试的设备连接至 Site Master 测试端口延伸电缆上。当 Site Master 处于扫描模式时，屏幕就会显示一条曲线。

步骤 7：按下"AMPLITUDE"键选择 TOP 和 BOTTOM 的显示值。

步骤 8：按下"MARKER"键。

步骤 9：将 M1 设置为 MARKER TO PEAK（峰值标记）。

步骤 10：将 M2 设置为 MARKER TO VALLEY（谷值标记）。

步骤 11：对 M1（峰值标记）和 M2（谷值标记）取平均值来计算测量的插入 损耗，公式如下：

$$插入损耗 = \frac{M1 + M2}{2}$$

步骤 12：按下"SAVE DISPLAY"键来命名该曲线并按下"ENTER"键。

步骤 13：根据测量的插入损耗来计算实际的插入损耗。

9. 接有负载的传输馈线系统（故障定位回波损耗测试）

Distance-To-Fault（DTF）传输线测试是用来确定传输线装配和其中器件的性能的，也可用于确定传输线系统中的故障位置。这个测试通过确定每个连接器、电缆器件和电缆的回波损耗来找出系统故障的位置。这个测试可以在 DTF- RETURN LOSS 或 DTR-SWR 模式下进行。典型的现场应用常会用到 DTF- RETURN LOSS 模式。在执行这个测试时应断开传输线末端的天线，并用 50Ω 负载来代替。

步骤 1：按下"MODE"键。

步骤 2：使用"♢"键选择 DTF–RETURN LOSS 后，按下"ENTER"键。

步骤 3：连接测试端口延伸电缆到 RF 端口并校准 Site Master。

步骤 4：保存校准设置。

步骤 5：将要测试的设备连接到 Site Master 测试端口延伸电缆上。Site Master 处于扫描模式时，屏幕会显示一条曲线。

步骤 6：按下"FREQ/DIST"键。

步骤 7：设置 D1 和 D2 的值，Site Master 默认 D1 为 0。

步骤 8：按下"DTF AID"软键并选择合适的 CABLE TYPE 来设置正确的传播速率和衰减因数。

注意事项：选择正确的传播速率、衰减因数和距离对精确测量是十分重要的，否则就不能精确地定位故障，插损也会不正确。

步骤 9：按下"SAVE DISPLAY"键来命名该曲线，并按下"ENTER"键。

步骤 10：记录连接器的过渡。

• 标记 M1 为第一个连接器，即 Site Master 固定相位测试端口延伸电缆的末端连接的连接器。

• 标记 M2 为第一个跨接线。

• 标记 M3 为主馈线电缆的末端。

• 标记 M4 为整个传输线的末端。

5.3.3　驻波比测试仪操作方法

开机步骤

步骤 1：按"ON/OFF"键。

Site Master 需要 5 秒钟做自检测试，完成自检测试后，屏幕上会显示商标、型号和软件版本。

步骤 2：按"ENTER"键继续，或等待 1 分钟，然后做测量。

测量

（1）用 Site Master 在 GSM900 频段测量一段 1/2 的馈线的驻波比

步骤 1：按"MODE"键。

步骤 2：用"♢"键选择"频率 – 驻波比"。

步骤 3：按"FREQ/DIST"键。

步骤 4：按"F1"软键。

步骤 5：输入起始频率 885。

步骤 6：按"ENTER"键确定。

步骤 7：按"F2"软键。

步骤 8：输入结束频率 960。

步骤 9：按"ENTER"键确定。

步骤 10：按"START CAL"键。你会看到屏幕上显示"连接'开路器'或 Instacal 模块到信号输出端口"。

步骤 11：连接校准模块并按"ENTER"键，自动进行校准，如果这个校准是有效的，你会听到设备发出的响声并看到屏幕左上角显示的"校准有效"。

步骤 12：按"AUTO SCALE"进行坐标自动调整。{手动调整}按"AMPLITUDE"键调出坐标选单。

在 SWR 模式按"顶线"软键并输入 3.00，然后按"ENTER"键。

在 SWR 模式按"底线"软键并输入 1.00，然后按"ENTER"键。

步骤 13：将校准模块从测试端口取出，然后连接馈线。

步骤 14：将 LOAD 负载连接到馈线的尾端。

步骤 15：按"MARKER"键调出标识选单。

步骤 16：按"M1"软键选择 M1 标识功能。

步骤 17：按下"开 / 关"软键，并按"标记到峰值"自动找到馈线的最大驻波比值。

{手动查找}按"◇"键，手动找到馈线的最大驻波比值。

（2）用 Site Master 在 GSM900 频段测量一段 1/2 的馈线长度

步骤 1：按"MODE"键。

步骤 2：用"◇"键选择"故障定位 – 驻波比"。

步骤 3：选 D1，输入 0，按"ENTER"键设 D1（最小距离坐标）为 0m。

步骤 4：选 D2，输入 50，按"ENTER"键设 D2（最大距离坐标）为 50m。

步骤 5：按"其他"软键。

步骤 6：选"损耗"设置线损，输入 0.07 并按"ENTER"键将线损设为 0.07。

步骤 7：选"传播速率"设置传播速率，输入 0.89 并按"ENTER"键将传播速率设置为 0.89。

步骤 8：按"START CAL"键。屏幕会显示"连接'开路器'或 Instacal 模块到信号输出端口"。

步骤 9：连接校准模块并按"ENTER"键，自动进行校准，如果这个校准是有效的，你会听到设备发出的响声并看到屏幕左上角显示的"校准有效"。

步骤 10：按"AUTO SCALE"键自动调整坐标。

{手动调整}按"AMPLITUDE"键调出坐标选单。

在 SWR 模式下按"顶线"软键并输入 3.00，然后按"ENTER"键。

在 SWR 模式下按"底线"软键并输入 1.00，然后按"ENTER"键。

步骤 11：将校准模块从测试端口取出，然后连接馈线。

步骤 12：将 SHORT 短路器连接到馈线的尾端。

步骤 13：按"MARKER"键调出标识选单。

步骤 14：按"M1"软键选择 M1 标识功能。

步骤 15：按下"开 / 关"软键，并按"标记到峰值"自动找到馈线的长度。

{手动查找}按"◇"键，手动找到馈线的长度。

将测量到的数据输入 PC，并撰写分析报告。

项目总结

本章主要讲解了如何在工程仪器仪表中使用光源和光功率计、频谱仪、驻波测试仪等；

通过本章的学习，读者基本可以掌握如何在工程实施中使用仪器仪表，为提升实践能力打下坚实的基础。

思考与练习

1. 频谱仪按照工作原理可以分为哪几类？分别是什么类型？
2. 频谱仪可以测试哪些指标？
3. 频谱仪输入端输入电平为多少？在输入前必须接入多大的衰减器？
4. 驻波比测试仪可以测试哪些指标呢？
5. 光功率计的使用有哪些注意事项。

项目6 综合工程实训

项目引入

在通信工程建设中，除了硬件设备的安装外还包含综合布线和线缆成端的制作，本章重点介绍在通信机房中所涉及的网线、2M 线、馈线和接地线的成端制作及测试。

学习目标

1. 掌握：2M 线缆成端制作及测试日常性能维护。
2. 掌握：网线成端制作及测试。
3. 掌握：馈线成端制作及测试。
4. 掌握：地线成端制作及测试。

6.1 任务1：制作 2M 线

6.1.1 认识 2M 线

2M 线即同轴电缆，是通信行业普遍使用的 E1 接口的连接电缆，2M 线是以硬铜线为芯，外包一层绝缘材料。这层绝缘材料用密织的网状导体环绕，网外又覆盖一层保护性材料，如图 6-1 所示。同轴电缆的这种结构，使它具有高带宽和极好的噪声抑制特性。

同轴电缆的分类有两种：一种是 50Ω 同轴电缆，用于数字传输，还可用于基带传输，故又被称作基带同轴电缆；另一种是 75Ω 同轴电缆，用于模拟传输，

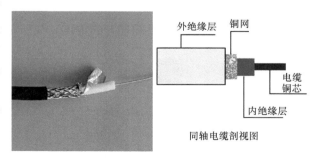

图6-1　同轴电缆

也称作宽带同轴电缆。当前通信网络中使用最为广泛的是宽带同轴电缆，即 75 Ω 同轴电缆。

2M 线也被称为 E1 线，其本质是同轴电缆。2M 是 2048 Mbit/s 的简称。2M 线 1s 传送的帧数是 8000 帧，一帧内有 32 个信道，每个信道由 8 bit 组成，总的速率就是 $32 \times 8 \times 8000$=2048 Mbit/s。2 M 内的每个信道的速率算法为：8×8000=64 Mbit/s，这就是 64 K 信道的由来。

常用 2M 线种类有 SYV–75–2–1 和 SYV–75–2–2。

S 指同轴射频电缆，Y 指绝缘材料为聚乙烯，V 指外层护套材料为聚氯乙烯，75 指特性阻抗，2 指线芯绝缘外径，1、2 指结构序号，2M 线缆如图 6-2 所示。

图6-2　2M线缆

6.1.2　2M 线的作用

2M 线适用于各类数字程控交换机、光电传输设备内部连接和配线架之间的信号传输，还可用于传输数据、音频、视频等。

6.1.3　2M 线制作工具及步骤

制作 2M 线的工具有：2M 电缆接头、剥线钳、裁纸刀、电烙铁、焊锡丝等。

2M 线接头：DDF 侧常用的同轴连接器为 L9（1.6/5.6），俗称西门子同轴头，因为西门子 DDF 架使用的同轴连接器而得名。L9 连接器的导体接触件材料为铍青铜、锡磷青铜，连接器内导体接触区域的镀金厚度不小于 2.0 μm。L9 是国内的叫法，国际上称作 1.6/5.6 同轴连接器。

L9 接头有 3 种常见规格，它们的主要区别是配合使用的线缆口径大小不同。我们在制作 2M 线时需注意各接头的口径大小是否与适配器接口相配。

2M 线的制作步骤

步骤 1：将同轴电缆外皮切开，如图 6–3 所示。

图6-3　切开同轴电缆外皮

步骤2：将2M头尾部外套拧开，并将尾部外套、压接套管套在同轴线上，如图6-4所示。

图6-4 布放位置

步骤3：用工具刀将同轴电缆外皮切除12mm，切除力度要适当，不得伤及屏蔽网。2M同轴电缆是成对使用的，其中一根用作发信，另一根用作收信，实验人员对其用途作了定义后应做好标记，切除外皮的同轴电缆如图6-5所示。

图6-5 剥线图

步骤4：将露出的屏蔽网从左至右分开，用斜口钳或者裁纸刀剪去4mm左右，使屏蔽网长度为8mm左右，如图6-6所示。

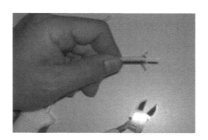

图6-6 整线图

步骤5：用工具刀将内绝缘层切除2mm，不要伤及同轴电缆缆芯线，将露出的屏蔽网从左至右分开，用斜口钳剪去4mm，使屏蔽网长度为8mm，如图6-7所示。

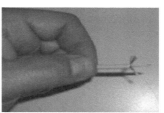

图6-7 整线图

步骤 6：将切除完的同轴线穿入同轴插头压接套管内，如图 6-8 所示。

图6-8　安装图

步骤 7：将同轴电缆缆芯线插入同轴体铜芯杆内，涂少许焊锡膏在同轴电缆缆芯线上，用电烙铁沾锡点焊，焊接时间不得太长要求焊点光滑、整洁、不虚焊，以免破坏内绝缘，导致同轴电缆缆芯线接地，如图 6-9 所示。

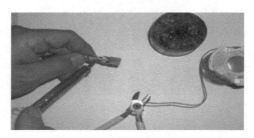

图6-9　焊接图

注意事项：焊接时要确保焊锡充分融化，并且焊点大小适中，不能出现虚焊现象，如虚焊会导致同轴电缆缆芯线与同轴体短路。

步骤 8：将屏蔽层贴附在同轴体接地管上，使屏蔽网最大面积地与接地管接触，将压接套管套在屏蔽网上，保持压接套管与接地管留有 1mm 的距离，并保证屏蔽层不超出导压接管，如图 6-10 所示。

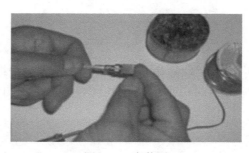

图6-10　安装图

步骤 9：用压线钳将压接管与接地管充分压接，注意用力适当，不得压裂接地管，如图 6-11 所示。

图6-11　压线图

压制好后的 2M 头如图 6-12 所示。

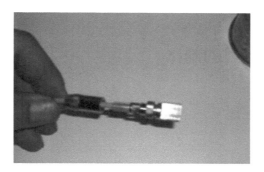

图6-12　接头图

步骤 10：将同轴插头外套旋紧在同轴体上，即完成本实验，2M 线成品如图 6-13 所示。

图6-13　成品图

6.1.4　2M 线测试、维护及故障处理

1. 测试

① 导通测试：用万用表测试连接器插针与 2M 线内导体、连接器外壳与 2M 线屏蔽层是否导通。

② 绝缘测试：用万用表测试内外导体是否短路；

③ 插拔力测试：以适当的力向外拔内插针，内插针应无明显移动。

2. 维护及故障处理

（1）2M 线维护和使用时的注意事项

① 制作完电缆接头后需要对同轴中继电缆进行测试，以判断是否有虚焊、漏焊、短路，以及 2M 中继电缆在 DDF 架上连接是否正确。

② 布线时尽量保证线缆少受大幅度弯曲，线缆不要被拉太紧以免造成芯线被拉断，平时尽量不要拔插接头，以免造成插接头磨损。

③ 在安装时，保证接头不会互相触碰，以免造成短路。机房应保持干净清洁，控制湿度，要做好防鼠工作。

（2）常见故障处理方法

DDF 架到适配器的线出问题会直接造成信号传输中断，常见问题是 L9 接头接触不良或断线，原因如下：

① 在剥线时伤到芯线；

② 拔插方法不正确，导致接触不良；

③ 焊接不合要求。

处理方法：重新剥线并焊接。

6.2 任务 2：网线的制作

6.2.1 网线的介绍及分类

1. 网线的介绍

在局域网中常见的网线主要有双绞线、同轴电缆、光缆三种。我们此处主要介绍双绞线。

双绞线（Twisted Pair，TP）是综合布线工程中最常用的传输介质，是由两根具有绝缘保护层的铜导线组成的。我们把两根绝缘的铜导线按一定密度互相绞在一起，每一根铜导线在传输中辐射出来的电波会被另一根铜导线上发出的电波抵消，有效降低信号干扰的程度。

双绞线一般由两根 22 ～ 26 号绝缘铜导线相互缠绕而成，"双绞线"的名字也是由此而来。在实际使用时，网线由 4 对双绞线组成，双绞线是由多对双绞线一起包装在一个绝缘电缆套管里的。我们把一对或多对双绞线放在一个绝缘套管中，便是双绞线电缆，但日常生活中一般把"双绞线电缆"直接称为"双绞线"。

双绞线是由一对相互绝缘的金属导线绞合而成。采用这种方式，不仅可以抵御一部分来自外界的电磁波干扰，也可以降低多对绞线之间的相互干扰。

双绞线的作用是使外部干扰在两根导线上所产生的噪声（在专业领域里，无用的信号称为噪声）相同，以便后续的差分电路提取有用信号，差分电路是一个减法电路，两个输入端同相的信号（共模信号）相互抵消（$m-n$），反相的信号相当于 $x-(-y)$，从而得到增强。理论上，在双绞线及差分电路中 $m=n$，$x=y$，这相当于完全消除干扰信号，虽然有用信号加倍，但是在实际运行中是有一定差异的。

在一个电缆套管中，不同线对具有不同的扭绞长度，一般来说，扭绞长度在 38.1 ～ 140mm，按逆时针方向扭绞，相临线对的扭绞长度在 12.7mm 以内。双绞线一个扭绞周期的长度，称为节距，节距越小（扭线越密），抗干扰能力越强。

同轴电缆与双绞线的对比见表 6-1。

表6-1　同轴电缆与双绞线对比

	同轴电缆	双绞线
结构	铜导线、绝缘层、铜网、绝缘外套	绝缘外套、双绞线
有点	辐射损耗小、受外界干扰影响小	成本低、易于弯曲、易于安装
缺点	成本高，不能承受缠结、压力和严重的弯曲	传输距离短、传输速度慢

2. 网线的分类

根据有无屏蔽层，双绞线分为屏蔽双绞线（Shielded Twisted Pair，STP）与非屏蔽双绞线（Unshielded Twisted Pair，UTP）。

屏蔽双绞线在双绞线与外层绝缘封套之间有一个金属屏蔽层。屏蔽双绞线分为 STP 和 FTP（Foil Twisted-Pair），STP 指每条线都有各自的屏蔽层，而 FTP 只在整个电缆有屏蔽装置，并且只有两端都正确接地时才起作用，所以 STP 要求整个系统均为屏蔽器件，包括电缆、信息点、水晶头和配线架等，同时建筑物需要有良好的接地系统。屏蔽层可减少辐射，防止信息被窃听，也可阻止外部电磁干扰的进入，使屏蔽双绞线比非屏蔽双绞线具有更高的传输速率。

非屏蔽双绞线是一种数据传输线，由四对不同颜色的传输线组成，非屏蔽双绞线被广泛用于以太网路和电话线中。非屏蔽双绞线电缆具有以下优点。

① 无屏蔽外套、直径小、节省所占用的空间、成本低、重量轻、易弯曲、易安装；

② 将串扰减至最小或加以消除；

③ 具有阻燃性；

④ 具有独立性和灵活性，适用于结构化综合布线。

因此，在综合布线系统中，非屏蔽双绞线得到广泛应用。

按照频率和信噪比进行以下分类。

双绞线的具体型号如下。

① 一类线（CAT1）：该类线缆的最高频率带宽为 750 kHz，其用于报警系统或只适用于语音传输（一类标准主要用于 20 世纪 80 年代初之前的电话线缆），不用于数据传输。

② 二类线（CAT2）：线缆的最高频率带宽为 1MHz，其用于语音传输和最高传输速率 4 Mbit/s 的数据传输，常见于使用 4MBPS 规范令牌传递协议的旧的令牌网。

③ 三类线（CAT3）：指在 ANSI 和 EIA/TIA568 标准中指定的电缆，该电缆的传输频率为 16MHz，最高传输速率为 10Mbit/s，主要应用于语音、10Mbit/s 以太网（10BASE-T）和 4Mbit/s 令牌环，最大网段长度为 100m，采用 RJ 形式的连接器，目前已淡出市场。

④ 四类线（CAT4）：该类电缆的传输频率为 20MHz，用于语音传输和最高传输速率为 16Mbit/s（指的是 16Mbit/s 令牌环）的数据传输，主要用于基于令牌的局域网和 10BASE-T/100BASE-T 网络。最大网段长度为 100m，采用 RJ 形式的连接器。

⑤ 五类线（CAT5）：该类电缆增加了绕线密度，外套有高质量的绝缘材料，线缆最高频率带宽为 100MHz，最高传输率为 100Mbit/s，用于语音传输和最高传输速率为 100Mbit/s 的数据传输，主要用于 100BASE-T 和 1000BASE-T 网络，最大网段长度为 100m，采用 RJ 形式的连接器。这是最常用的以太网电缆。在双绞线电缆内，不同线对应不同的绞距长度。通常，4 对双绞线绞距周期在 38.1mm 长度内，按逆时针方向扭绞，一对线对的扭绞长度

在 12.7mm 以内。

⑥ 超五类线（CAT5e）：超 5 类具有衰减小、串扰少的优势，并且具有更高的衰减与串扰的比值（ACR）和信噪比（SNR）、更小的时延误差，性能得到很大提高。超 5 类线主要用于千兆位以太网（1000Mbit/s）。

⑦ 六类线（CAT6）：该类电缆的传输频率为 1 ～ 250MHz，六类布线系统在 200MHz 时综合衰减串扰比（PS-ACR）应该有较大的余量，它提供 2 倍于超五类的带宽。六类布线的传输性能远远高于超五类标准，最适用于传输速率高于 1Gbit/s 的应用。六类与超五类的一个重要的不同点在于：改善了在串扰以及回波损耗方面的性能，对于新一代全双工的高速网络应用而言，优良的回波损耗性能是极重要的。六类标准中取消了基本链路模型，布线标准采用星形的拓扑结构，要求的布线距离为：永久链路的长度不能超过 90m，信道长度不能超过 100m。

⑧ 超六类线或 6A（CAT6A）：该类产品传输带宽介于六类线和七类线之间，传输频率为 500MHz，传输速度为 10Gbit/s，标准外径为 6mm。此类和七类产品一样，国家还没有出台正式的检测标准，只是行业中有此类产品，各厂家宣布一个测试值。

⑨ 七类线（CAT7）：该类电缆的传输频率为 600MHz，传输速度为 10Gbit/s，单线标准外径为 8mm，多芯线标准外径为 6mm。

双绞线类型的数字越大、版本越新、技术越先进、带宽也越宽，当然价格也越贵。这些不同类型的双绞线标注方法是这样规定的，如果是标准类型则按 CATx 方式标注，如常用的五类线、六类线，则在线的外皮上标注为 CAT 5、CAT 6。如果是改进版，就按 xe 方式标注，如超五类线就标注为 5e（字母是小写，而不是大写）。

无论是哪一种线，衰减都随频率的升高而增大。在设计布线时，我们要考虑到受到衰减的信号还应当有足够大的振幅，以便在有噪声干扰的情况下能够在接收端正确地检测出来。双绞线能够传送多高速率（Mbit/s）的数据还与数字信号的编码方法有很大的关系。

6.2.2　网线的制作工具

水晶头：常见的水晶头有 RJ45 型水晶头和 RJ11 型水晶头，如图 6-14 所示，前者用于制作网线，后者多用于制作电话线。

RJ45型水晶头　　　　　　RJ11型水晶头

图6-14　水晶头

网线钳：它是用来卡住 BNC 连接器外套与基座的，它有一个用于压线的六角缺口，一般这种网线钳也同时具有剥线、剪线功能，如图 6-15 所示。

网线检测仪：网线检测仪一般有两个端，一个是主测试端，另一个是远程测试端。我们在使用时，将网线一头插入主测试端，另一头插入远程测试端，然后观察主测试端上 1–8 的指示灯是否亮起，以及灯的顺序是否正确。若主测试端上的 1 号指示灯亮了，那么远程测试端上的 1 号指示灯也应该是亮的，若此时远程测试端上的其他指示灯亮了或没有任何指示灯亮起，则说明网线有问题，无法正常使用。图 6-16 为网线检测仪。

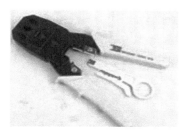

图6-15　网线钳

图6-16　网线检测仪

6.2.3　网线制作方法

（1）网线制作标准

网线制作标准即网线的排列顺序，现行的接线标准有 T568A 和 T568B，平常用得较多的是 T568B 标准。这两种标准本质上并无区别，只是线的排序顺序不同而已，如图 6-17 所示。

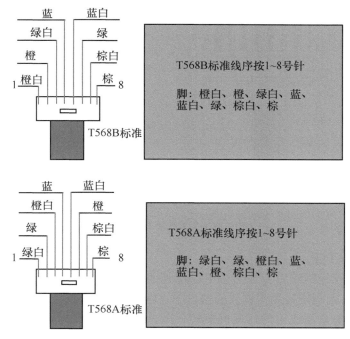

图6-17　不同类型网线线序图

（2）不同类型网线的用途

直通线连接方式有 T568A–T568A、T568B–T568B，一般用于不同类设备之间，比如路由器与交换机、PC 和交换机等，如图 6–18 所示。

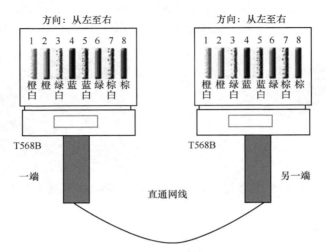

图6–18　直通线连接方式图

交叉线连接方式有 T568A–T568B、T568B–T568A（1、3 与 2、6 对调）一般用于同类设备之间，比如路由器之间和 PC 之间等，如图 6–19 所示。

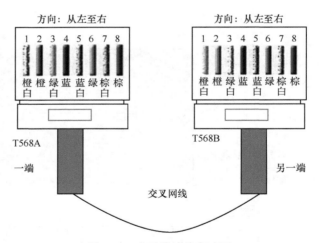

图6–19　交叉线连接方式图

（3）网线制作步骤

步骤 1：用双绞线网线钳（当然也可以用其他剪线工具）把双绞线的一端剪齐，然后把剪齐的一端插入到网线钳用于剥线的缺口中，注意网线不能弯。

步骤 2：稍微握紧压线钳然后慢慢旋转一圈（不会损坏网线里面芯线的皮，因为切除的两刀片之间留有一定距离，这距离通常就是里面 4 对芯线的直径），用刀划开双绞线的保护胶皮，拔下胶皮（当然也可使用专门的剥线工具来剥下保护胶皮）剥线长度通常为水晶头长度。

步骤 3：切除外皮后即可见到双绞线的芯线（为 4 对 8 条），并且可以看到每对的颜色都不同。每对缠绕的两根芯线是由一种染有相同颜色的芯线加上一条只染有少许相同颜色的白色相间芯线组成。四条全色芯线的颜色分别为棕色、橙色、绿色、蓝色。

步骤 4：把每对都是相互缠绕在一起的线缆逐一解开。解开后则根据线序排列规则把几组线缆依次地排列好并理顺，排列的时候应该注意尽量避免线路过多的缠绕和重叠。把线缆依次排列并理顺之后，由于线缆之前是相互缠绕着的，因此线缆会有一定的弯曲，应把线缆尽量扯直并保持线缆平扁。

步骤 5：把线缆依次排列好并理顺压直之后，我们用压线钳的剪线刀口把线缆顶部裁剪整齐。

步骤 6：把整理好的线缆插入水晶头内。需要注意的是，要将水晶头有塑造料弹簧片的一面向下，有针脚的一面向上，使有针脚的一端指向远离自己的方向，有方型孔的一端对着自己。此时，最左边的是第 1 脚，最右边的是第 8 脚，其余依次顺序排列。插入的时候要缓缓地用力把 8 条线缆同时沿水晶头内的 8 个线槽插入，一直插到线槽的顶端。若之前把保护层剥下过多的话，可以在这里将过长的细线剪短，保留去掉外层保护层的部分约为 15mm，这个长度正好能将各细导线插入到各自的线槽。如果该段留得过长，一是会由于线缆不再互绞而增加串扰，二是会由于水晶头不能压住护套而可能导致电缆从水晶头中脱出，造成线路的接触不良甚至中断。

步骤 7：压线。在压线之前，我们可以从水晶头的顶部检查，看看是否每一组线缆都紧紧地顶在水晶头的末端。确认无误之后就可以使用压线钳压线了。

步骤 8：压线之后水晶头凸出在外面的针脚全部压入水晶并头内，且水晶头下部的塑料扣位也压紧在网线的保护层之上。

到此，网线就制作完毕了。

（4）网线测试仪检测

将水晶头的两端都做好后即可用网线测试仪进行测试，如果测试仪上 8 个指示灯都依次闪过，证明制作网线成功。

如果有任何一个灯没有亮，都说明存在断路或者接触不良现象，此时最好先对两端水晶头再用网线钳压一次，再测试，如果故障依旧存在，再检查一下两端芯线的排列顺序是否一样，如果不一样，随机剪掉一端重新按另一端芯线排列顺序制作水晶头。如果故障还是存在，则肯定存在对应芯线接触不好。我们只能先剪掉一端按另一端芯线顺序重做一个水晶头了，再测试，如果故障消失，则不必重做另一端水晶头，否则还得把原来的另一端水晶头也剪掉重做，直到测试仪上的指示灯全闪过为止。

▶▶ 6.3　任务 3：馈线头制作

6.3.1　馈线类型介绍

馈线是通信用的电缆，一般用于基站设备中的 BTS 连接天线用，如图 6-20 所示。它的主要任务是有效地传输信号能量。

馈线的结构由橡塑外皮、屏蔽铜皮、绝缘填充层、镀铜铝心组成。

图6-20　馈线

馈线的类型

我们常用的馈线一般分为 8D、1/2″ 馈线、1/2″ 超柔、7/8″ 馈线和泄漏电缆（5/4″ 馈线）。8D、1/2″ 超柔主要用作跳线；普通室内分布中一般使用 1/2″ 馈线和 7/8″ 馈线，7/8″ 馈线在基站上使用的频率较高；泄漏电缆一般在隧道等使用频率较高。几 / 几是表示馈线的外金属屏蔽的直径，单位为 cm，外绝缘皮是不算在内的。

6.3.2　馈线制作工具

馈线制作工具有：馈线线接头、馈线切割刀、馈线安全刀、小金属丝毛刷、固定尺寸或大号活动扳手、小号扁锉刀、细齿小手锯、接头扩孔器。

6.3.3　馈线制作方法（以 1/2″ 馈线为例）

步骤 1：选取长度为 15cm 平直的一段馈线，如图 6-21 所示。

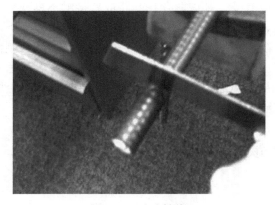

图6-21　选取馈线

步骤 2：切除后去掉多余的外导体，如图 6-22 所示。去掉外导体长度约 40mm。

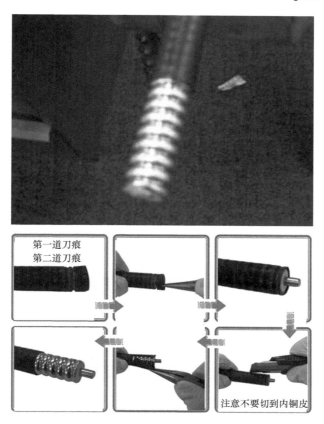

图6-22　切除多余外导体

步骤 3：安装接头后端，如图 6-23 所示。

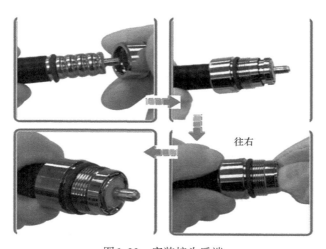

图6-23　安装接头后端

步骤 4：安装接头前端，如图 6-24 所示。

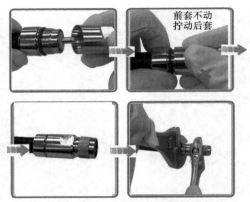

图6-24　安装接头前端

步骤5：使用扳手拧紧接头（前端固定，拧动后端），如图 6-25 所示。

图6-25　拧紧接头

6.3.4　馈线测试方法

每条馈线的接头制作完成后，必须使用 SITE MASTER 进行驻波测试，确保馈线段和接头的性能符合要求和符合技术规范。

我们使用 SITE MASTER 331D 进行驻波测试。由于本书的 5.3.2 节已对该仪器的按键功能进行了详细说明，此处不再赘述。

（1）测试前的校准程序

① 按"MODE（模式）"键，测量模式如图 6-26 所示。

图6-26　测量模式示意

② 使用"◇"键到选项"频率—驻波比"或"频率—回波损耗"。

③ 按"ENTER（输入）"键来选择"频率－驻波比"或"频率－回波损耗"。

④ 按"FREQ/DIST（频率/距离）"键。

⑤ 按"F1"键旁的功能选择键▇。

⑥ 用数字键输入频率，如图 6-27 所示。

图6-27　键入频率

⑦ 按"ENTER"键来确定 F1 起始频率。

⑧ 按"F2"键旁的功能选择键▇。

⑨ 用数字键来输入频率。

⑩ 按"ENTER"键来确定 F2 终止频率。

⑪ 按"START CAL（开始校准）"键，在屏幕上就会出现"连接开路器或 instacal 模块到信号输出端口"，如图 6-28 所示。

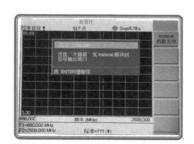

图6-28　驻波测试仪自检示意

⑫ 将开路器端子连接到测试端，然后按下"ENTER"键，就会在屏幕上出现"开始测量"和"连接短路器到信号输出端口"字样，如图 6-29 所示。

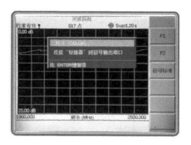

图6-29　驻波测试仪校准示意

⑬ 将开路器取下,再将短路器连接到测试端,按下"ENTER"键,就会出现"Measuring Short"和"Connector Termination to RF OUT"字样。

⑭ 取下短路器,将假负载测试端子连接到测试端,按"ENTER"键,就可出现"Measuring Termination"(测试中)字样核实。

⑮ 校准是否已经完成可以查看屏幕左上角是否有"校准有效"的字样。

(2)接头 DTF(故障点定位)测试

① 把馈线起始端接至仪器测试口,把馈线终端接上负载,如图 6-30 和图 6-31 所示。

图6-30 馈线起始端连接示意

图6-31 馈线终端负载连接示意

② 按"MODE(模式)"键,选择测量模式。

③ 使用"◇"键到选项"故障定位 – 驻波比"或"故障定位 – 回波损耗",如图 6-32 所示。

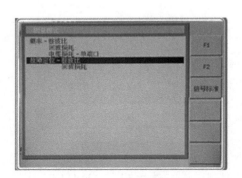

图6-32 故障定位示意

④ 按"ENTER"键来选择"故障定位 – 驻波比"或"故障定位 – 回波损耗"。

⑤ 按"D1"键旁的功能选择键▇。

⑥ 用数字键来输入参考起始长度,按"ENTER"键来确定 D1。

⑦ 按"D2"键旁的功能选择键,用数字键来输入待测馈线参考终止长度,按"ENTER"键来确定 D2,如图 6-33 所示,然后仪器开始自动测试。(参考图的待测馈线长度约为 10m)。

注:1. 假如馈线为 L,则 D2 应大于 L。

　　2. L 不能大于仪器的最大测试长度。

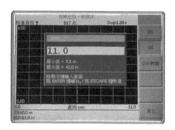

图6-33　设置测试距离示意

⑧ 按"MARKER"键，选择"M1"键旁的功能选择键，如图 6-34 所示。

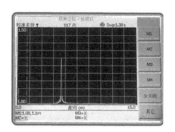

图6-34　功率标记示意

⑨ 选择"编辑"旁的功能选择键，选择"编辑"模式，之后按动"◇"键，我们会看到竖直的红色虚线移动到曲线的最高峰。如图 6-35、图 6-36 所示，在馈线长度约 5.5m 处，接头的驻波比为 1.08，则得知接头的驻波比参数合格。

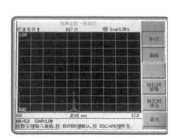

图6-35　数据保存示意

图6-36　数据文件命名示意

⑩ 按"SAVE DISPLAY"键进行保存驻波曲线。

⑪ 输入曲线的名称，后按"ENTER"键确认。

（3）测试要点

校准：在测试前必须了解校准要求，为了获得良好的校准效果，补偿所有测量不确定性，确保在测试端口的开路／短路／负载，或者备用线完好，同时必须把标准负载和将被测试的线路连接起来，并确保接头都拧紧。

根据屏幕上出现的系统指令，按部就班地做简单校准开路／短路／负载，注意：在扫描信号等待下一信息出来前，不要松开连接器，在做完以后（不要松开负载）检查信号数字，RL 必须 ≥ –45dB 或者 VSWR ≤ 1.01，否则，需询问 SITE MASTER 供应商或更换校准件。注意：请不要把校准器件在其他功率器件上使用，这样可能会导致校准器件损坏。

在校准结束后，操作者切换到其他测试模式而不需要重新校准，无论是 SWR、RL 或 DTF（馈线插损不在其中）都必须明确指出不要改变测试状态。如果频率范围更换，连接器或转换器等进行更换。

测试 VSWR（电压驻波比）或 RETURN LOSS（回波损耗），我们可以打开"测量模式"，然后用"◇"键来选中一种模式，按"ENTER"键来实施。事实上，电压驻波比和回波损耗是相同的东西，它们可以通过数学公式进行互换。注意：不要用 DTF 或馈线插损模式来测试电压驻波比（VSWR）。

测试插损是在"MODE"键下选择馈线插损模式进行适当的校准，在设备的后面连接开路器或短路器，然后就得到该器件的插入损耗。注意：在测试插损时，不要把该机器切换到其他测试模式中。

复检：选择"频率—驻波比"对整条馈线（或系统）进行复检，其频率—驻波比若大于1.5，说明系统内有部件（馈线、接头、无源器件）不符合要求，需逐一检测。

▶▶6.4 任务 4：地线制作

6.4.1 地线的作用

地线的功用除了将一些无用的电流或是噪声干扰导入大地外，其最大的功用就是保护使用者不被电击。以收发信机而言，将设备金属外壳与机房内的室内接地排相联接，确保产品不会造成对人体的电击伤害。

6.4.2 地线制作工具

地线制作工具有以下几种，如图 6-37所示。

铜鼻子：铜鼻子又称线鼻子、铜接线鼻子、铜管鼻、接线端子等，各地方和各行业叫法不一。顶端这边为固定上螺丝边，末端为上剥皮后的电线电缆铜芯。

接地线：由绝缘外皮和铜芯组成。

热缩套管：热缩套管阻燃、绝缘、耐温性能很好。它受热（125°）会收缩，

铜鼻子

接地线

热缩套管

线缆压线钳

图6-37 材料、工具图

广泛应用于各种线束、焊点、电感的绝缘保护，金属管、棒的防锈、防蚀。它还常用在电线接头上。

线缆压线钳：压线钳一共有 4 种不同直径的压线口，根据所压接连接头的直径大小，可选择不同的位置压接，最大可压接直径尺寸为 $22mm^2$。

6.4.3　地线制作方法

地线制作步骤如下。

步骤 1：将地线套入热缩套管。

步骤 2：去除绝缘保护层，使得地线铜芯恰好压入铜鼻子的护套内。

步骤 3：用液压钳压制铜鼻子，使铜鼻子与地线铜芯良好地接触。

步骤 4：用电烙铁使热缩套管包裹住铜鼻子。

6.4.4　地线测试方法

利用万用表测试地线是否导通，地线测试方法如下。

步骤 1：将万用表置 Ω 档或者蜂鸣档。

步骤 2：用万用表的两个表柄分别连接地线两端。

步骤 3：万用表显示电阻为 0Ω 或者有蜂鸣声则说明地线是导通的，如果万用表显示电阻比较大或者没有蜂鸣声，则说明该地线中间可能存在断路或者地线两端铜鼻子没有压接好，需要重新制作。

项目总结

本章主要讲解了工程实施中 2M 线缆成端及测试、网线制作及测试、馈线成端及测试和地线的制作等主要内容；通过本章的学习，读者可以掌握当前在工程实施中线缆制作的基本要求，为提升实践能力打下坚实的基础。

思考与练习

1. 制作网线需要哪些工具？

2. 制作网线中水晶头有哪几种？分别是什么型号？

3. 馈线有哪几种型号？

拓展训练

训练题：请运用本章所学的知识，练习网线的制作与 2M 线的制作。

 **缩略语**

缩写	英文全称	中文全称
3G	3rd Generation	第三代
3GPP	3rd Generation Partnership Project	第三代合作项目
4G	4th Generation	第四代
BS	Base Station	基站
BSC	Base Station Controller	基站控制器
BSS	Base Station System	基站系统
BTS	Base Transceiver Station	基站收发信机
CDMA	Code Division Multiple Access	码分多址
CN	Core Network	核心网
CWTS	China Wireless Telecommunication Standard group	中国无线通信标准组
DCN	Digital Communication Network	数字通信网络
DTMF	Dual Tone Multiple Frequency	双音多频
FDD	Frequency Division Duplex	频分双工
FDMA	Frequency Division Multiple Access	频分多址
GC	General Control	通用控制
GPS	Global Positioning System	全球定位系统
GSM	Global System for Mobile Communication (group special mobile)	全球移动通信系统
IMARSAT	International Maritime Telecommunication Satellite Organization	国际海事通信卫星组织
ISDN	Integrated Service Digital Network	综合业务数字网
ISO	International Standard Organization	国际标准化组织
ITU	International Telecommunication Union	国际电信联盟
O&M	Operations and Maintenance	操作维护
OMC	Operations and Maintenance Center	操作维护中心

参考文献

[1] 许圳彬，王田甜. 移动通信基站工程[M]. 北京: 人民邮电出版社. 2012.

[2] 科普中国"百科科学词条编写与应用工作项目.

[3] 京信系统公司编写《馈线接头制作指导手册》.

[4] 中华人民共和国通信行业标准《数字移动通信(TDMA)设备安装工程验收规范》（YD5067-98）.

[5] 邮电部《900MHz TDMA数字移动通信工程设计暂行规定》.

[6] 中华人民共和国通信行业标准《通信设备安装抗震设计规范》(YD5059-98).

[7] 中华人民共和国通信行业标准《移动通信基站防雷与接地设计规范》(YD5068-98).

[8] 《中国电信移动网络建设（2008年一期）工程技术规范书》.

[9] 《中国联通CDMA网工程验收管理办法及验收标准》.

[10] 《中国电信cdma20001X总体技术规范—基站子系统》.

[11] 《中国电信cdma2000 HRPD Rev.A设备总体技术规范—无线接入网总册》.

[12] 《中国电信cdma2000 HRPD Rev.A设备总体技术规范—无线接入网宏基站分册》.

[13] 《中国电信cdma2000 HRPD Rev.A设备总体技术规范—无线接入网微基站分册》.

[14] 《中国电信cdma2000 HRPD Rev.A设备总体技术规范—无线接入网BBU+RRU分册》.